Rich Dad's
Family
Finance
Manual

刘鑫源 / 著

的

家庭理财手册

广东旅游出版社
GUANGDONG TRAVEL & TOURISM PRESS
悦读书·悦旅行·悦享人生

中国·广州

图书在版编目（CIP）数据

富爸爸的家庭理财手册 / 刘鑫源著. — 广州 : 广东旅游出版社，
2019.11

ISBN 978-7-5570-1972-3

Ⅰ.①富… Ⅱ.①刘… Ⅲ.①家庭管理－财务管理－手册
Ⅳ.①TS976.15-62

中国版本图书馆CIP数据核字（2019）第168072号

出 版 人：刘志松
责任编辑：官 顺 于子涵

富爸爸的家庭理财手册
FUBABA DE JIATING LICAI SHOUCE

- -

广东旅游出版社出版发行
地址：广州市越秀区环市东路338号银政大厦西楼12层
邮编：510060
电话：020-87347732
印刷：天津文林印务有限公司
（地址：天津市宝坻区新开口镇产业功能区天通路南侧21号）
开本：880毫米×1230毫米　1/32
字数：141千字
印张：8.75
版次：2019年11月第1版
印次：2019年11月第1次印刷
定价：48.00元

目录 /CONTENTS

PART 09

投资组合是
每个富爸爸的减险锦囊

富爸爸是赚出来的，更是管出来的

　　大家应该都熟悉迈克·泰森，他曾经是世界上最年轻的重量级拳击冠军，而且是世界上最好的重量级拳击手之一。在整个职业生涯中，他赚取了超过 4 亿美元的财富。这么多的财富放在一个普通人身上，恐怕几辈子、十几辈子、几十辈子都花不完。可是，泰森仅用了短短 10 年，就全部挥霍一空，走到了破产的边缘。

　　泰森通过自己的奋斗拼搏赚取了巨额财富，最终却破产，无疑是因为他只会赚钱，却不会管钱，如流水一般挥霍，等水源枯竭时，自然就再也没有一滴水可喝了。

　　《富爸爸，穷爸爸》一书的作者罗伯特·清崎认为：有钱 ≠ 富有。他认为，真正的富有，是有源源不断的收入，而这个收入，是在不需要工作的状态下赚到的钱。清崎把这个收入称为被动收入，现在很多人也喜欢将其称为"睡后收入"。想来泰森是没有想到这点的，他没有将他的财富转化成源源不断的收入。

有人提出了两种思维方式：一种是穷人思维，一种是富人思维。什么是穷人思维呢？就是拼命挣钱，然后省吃俭用，努力将挣的钱存到银行，再接着拼命挣钱继续存到银行……什么是富人思维呢？就是去银行将普通人通过拼命工作存入银行的钱拿出来创业或投资，从中赚取财富。

穷人思维和富人思维的主要区别，就在对钱的管理方式上。没有谁不喜欢钱。"喜欢钱，因为热爱钱能带来的自由生活。明白钱很重要，但不想花费一生为钱工作。"这是清崎的理念，这种理念是来自富爸爸的。

拥有穷人思维的人，脑子里想的是如何通过一生的努力工作，让银行卡中的数字变得越来越大；拥有富人思维的人则懂得管理金钱，他们将金钱赋予了生命，在不断使用中不停创造金钱的价值。他们更懂得，通过对金钱的管理，赚得越来越多的被动收入，这样就不用一生都在为钱工作了。

俗话说：穿不穷、吃不穷，算计不到就受穷。这里的算计可不是要心机、斗心眼，而是要想方设法把自己的钱包管理好。生老病死、婚丧嫁娶、子女上学、老人养老……哪一样算计不到，都得将辛苦赚来的钱倒贴回去。

无论是泰森，还是有穷人思维的人，他们都缺少对金钱的管理理念，而想要成为富爸爸，就要懂得如何把钱管好。

如何算计钱？如何管钱？是一门艺术。但是，无论怎么管，都离不开以下三大方面。

日常消费的钱

日常开销，柴米油盐酱醋茶、婚丧嫁娶的份子钱、不时之需的流动性资金等，首先要将这些规划出来。可以先照常过一到三个月时间的生活，看每个月有多少大致开销、多少具体收入、多少开支、最后有多少盈余。接下来就大致清楚每个月需要准备的日常开销的数额是多少。日常消费的钱，可以一次性准备出3~6个月的数量。当然，这部分钱也不能干巴巴地躺在银行，或者攥在手中，还是可以用他来生息、赚取收益的。

保障的钱

自身的养老问题、子女的教育问题、疾病或突发意外等的保障问题，这些都要提前做好规划，做不好，很可能会一夜返贫。现在的就医诊病，就算是普通的感冒，去一趟医院没有两三百也不可能拿到药，更别提诸如肿瘤、心脑血管疾病这些大病，动辄就是几十万、上百万，这么多钱，单纯靠辛苦上班存银行的钱完全没办法支撑。不过，如果提早将这部分规划好，比如买医疗险、重疾险等，就可以用小部分的钱撬动几十万、上百万的医疗费用。

养老和子女的教育问题是一样的，都是需要提早进行规划的。这样，养老和子女的教育就不再是问题，而且养老质量有保证，子女的教育水平也有保障。

投资理财的钱

有人说，财富需要"不安分"，意思就是充分发挥钱的流通价值，让钱生钱，不能让它太安分了。前面提到的富人思维就是用普通人存银行的钱进行投资、创业。实质上就是用别人的钱给自己赚钱，这样的人很会运作资金，能让手中的一小部分钱变成巨款。

因此，想要家庭资产变得越来越丰厚，在对家庭资产进行规划时，还得留出一部分用作投资理财，让钱生钱，这样才能让家庭资产的蓄水池生生不息、源源不断，才不会像泰森一样山穷水尽。

本书具体介绍了家庭资产配置的 4 大账户 6 类模式、7 大渠道等具体操作方法，并配以 147 张图表详细说明只希望能帮助大家规划好家庭资产，管好自己的钱包。这不是一件简单的事，需要我们一起好好研究，找到最适合自己的管钱方式，让家庭资产源源不断，让自己早日变成富爸爸。

家庭资产是一家人的生活来源，也是一家人的生活保障，如何配置好家庭资产，这里面有很大的学问，并不是有些人"钱够花就行"或"让利益最大化，什么收益高投资什么"的想法，而是合理配置，让生活的每一方面都有保障，让手中的每一分钱都有价值。富爸爸到底要如何合理配置资产呢？本章我们就来看一看。

PART 01

不懂资产配置，
富爸爸也会变成穷爸爸

不懂家庭资产配置，你就白理财了

初期接触理财的时候，很多人都简单地认为理财就是"钱生钱"，让利益最大化，什么收益高，就买什么；什么赚钱快，就投什么。正因如此，不少人不但没能"生钱"，反而亏掉不少，更有甚者将全部本金都打了水漂，最终导致倾家荡产。为什么会出现这种情况？究其根本，还是在于有人不懂得家庭的资产配置。

什么是家庭资产配置

近些年，家庭资产配置被炒得很热，那么，到底什么是家庭资产配置？

所谓资产配置，就是通过多种不同渠道、不同权重的投资，实现收益与风险的平衡，也就是说，"不将鸡蛋放在同一个篮子里"。一般情况下，人们会将资产放在低风险的货币基金、债券基金、银行理财、国债等方面，很少有人会在高风险、高收益的股票上进行配置。

为什么要做家庭资产配置

在理财时，为什么要做家庭资产配置？家庭资产配置到底有多重要，我们可以通过下面的人生收支草帽图进行了解（见图1-1）。

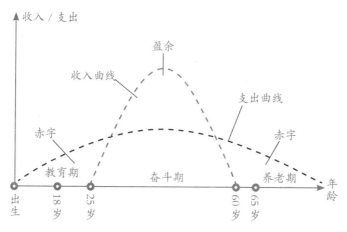

图 1-1　人生收支草帽图

从这个草帽图中我们可以看到，人从出生到终老，一生都需要消费，教育期和养老期两个不能工作的阶段，更是纯支出。通过工作获取收入的阶段仅25岁到60岁或65岁这个阶段，当然也不排除有人参加工作比较早。

无论如何，三四十年的工作收入，要支撑整个人生活的开支，未来还要抚养孩子和赡养老人，如果不对资产进行合理配置，浑浑噩噩做理财，难免会出现入不敷出的情况。

有些投资者看炒股赚钱比较快，于是将家中所有的资产都投到股市中，若是股票上涨还好，一旦股票下跌，或者是被套牢，将给整个家庭造成重创，甚至是毁灭性的打击。如果没有购买重疾险，一旦家中有人患上重疾，很可能大额的医疗费用会将整个家庭压垮。

如何进行资产配置

了解完资产配置的概念，也知道进行资产配置的必要性，那具体该如何配置呢？我们可以通过标准普尔家庭资产配置象限图进行了解（见图1-2）。

标准普尔是全球最具影响力的信用评级机构，其曾对全球十万个资产稳健增长的家庭进行调研，在分析总结后，得出了他们共同的家庭理财方式，也就是上面的象限图。这张图的内容也被全球公认为"最合理稳健的家庭资产配置方式"。

这张图告诉我们：在用家庭资产进行理财时，要

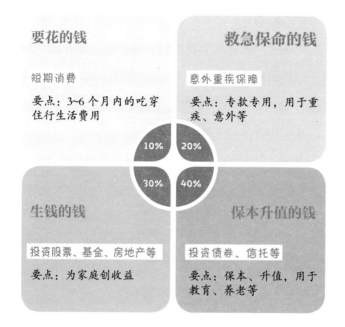

图 1-2　标准普尔家庭资产配置象限图

根据不同作用做出不同的配置，以确保家庭资产长期、持续、稳健地增长。比如一个激进型理财者，他习惯将全部的资产投向股市，不妨拿出40%的资产来购买一些有稳定收益的中短期理财产品；如果你是保守型理财者，不妨在收益率达不到预期的情况下，拿出40%投向收益较高但风险也较高的股市。具体我们还是来看看这4个账户。

现金账户

现金账户即立马要花的钱，也就是日常开销账户，属于短期消费资金，占家庭总资产的10%，这部分需要支撑3～6个月的生活费用，包括吃穿住行、车贷、房贷，甚至是美容、旅行等开支。

杠杆账户

杠杆账户就是救急保命的钱，一般占家庭总资产的20%，目的是以小博大，解决意外突然事件或重大疾病等紧急或大额开支，主要指的是购买意外保险和重大疾病保险的资金。这个账户的设置是为了救急和保命，因此一定要专款专用，以备不时之需。

投资收益账户

投资收益账户即生钱的钱，为家庭创造较高的收益，一般占家庭总资产的30%。这个账户需要通过投资者的智慧，用具有风险的投资获取高回报。具体包括股票、部分基金、房地产等。

长期收益账户

长期收益账户就是保本升值的钱，一般占家庭总资产的40%，这个账户的设置是用来保障子女的教育、家庭成员的养老等。这部分钱是一定要准备的，而且越早准备越好。这部分钱属于保本升值的钱，投资者还要确保本金万无一失，并能有效抵御通货膨胀，因此收益不一定高，但一定要长期稳定。具体有国债、信托等方式。

家庭资产配置好处

　　家庭资产配置，无疑对整个人生做了大致的规划，轻重缓急，有序划分，这样就避免了家庭受到重创和被压垮等情况。单从投资理财的角度来说，进行家庭资产配置还有以下几个优点（见图1-3）。

家庭资产配置优点	☆多样化组合资产投资，可降低投资理财的风险 ☆投资者心态更平稳，有助于从容应对市场变化 ☆投资者有足够的资金应对局势变化

图1-3　家庭资产配置的好处

家庭资产配置原则

看了标准普尔家庭资产象限图，还需要了解几个资产配置中的原则（见图1-4）。

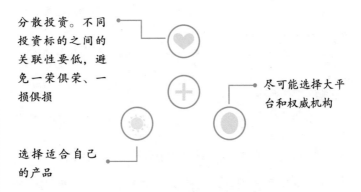

分散投资。不同投资标的之间的关联性要低，避免一荣俱荣、一损俱损

尽可能选择大平台和权威机构

选择适合自己的产品

图1-4 资产配置原则

通过对象限图的解读，相信大家都了解人生中基础部分资产配置的重要性，但是具体该怎么做，还需要依据个人情况而定。无论如何，都要记得分散投资，选择适合自己的产品。比如购买重疾险，对于普通工薪族们来说，他们的收入可能每月都不过万元，但每个月要支付几千元钱的重疾险费用，这点就不合理。这款重疾险肯定不适合他们，或者说额度不适合他们。不仅需要调整，而且要尽可能地选择大平台和权威机构，这是为了保障资金的安全，不至于因为被骗而损失本金。

　　最后，大家一定要记住的是：要根据你的需要进行资产配置，而不是根据你的喜好进行。

通胀猛于虎，资产配置就是"史矛革"

　　虽然通货膨胀是经济生活中客观存在的现象，也是所有人都逃避不了的现实问题，能给经济带来良性发展，同时也会对老百姓的财富造成一定程度的缩水。这个问题很好解决，只要在家庭投资理财时，考虑到通货膨胀带来的财富缩水问题，就像《霍比特人》中的"史矛革"一样，在它住的地方堆满了金币，提前做好资产配置，不但能抵御猛虎般的通货膨胀，还能让财富得以增加。

通货膨胀的产生原因

　　想要抵御通货膨胀，就要弄清楚通货膨胀产生的原因，提前了解国家的相关政策，做好预判，进行合理资产配置。

　　一般来说，导致通货膨胀的原因有以下两个方面（见图1-5）。

原因 1： 　需求适当大于供给，才能刺激经济发展，一旦供给大于需求，国家就要采取宽松政策刺激经济发展，诱发通货膨胀率上升，直至温和水平

原因 2： 　经济的发展需要流动性支持，央行每年都要通过降准、降息、公开市场操作、SLF（常备借贷便利）、MLF（中期借贷便利）等不同形式，为市场注入流动性，流动性一部分推动经济增速，另一部分则进入商品市场和资本市场，进而诱发通货膨胀

图1-5　导致通货膨胀的原因

　　国家的经济政策与投资市场息息相关，一旦政策有变化，投资市场便会跟着变化。所以，想要投资理财，做好资产配置，就要时刻关注国际经济政策与投资市场变动，我们可以通过经济新闻、财经类报纸杂志等加以了解。比如央行降息，银行一年期定存利率降至1.5%，同时物价高涨，此时将钱存入银行无异于贬值。要想不贬值，在资产配置方面，就要降低银行存款的比例，考虑多向股市、楼市等方面加大投资比例。

如何通过资产配置抵御通胀

　　为了更好地战胜通胀带来的资金缩水，需要我们

在资产配置时，考虑到让财富的成长与经济成长保持同步，让流动性需求与个人人生规划相匹配，短期流动性需求匹配短期投资；长期流动性需求匹配长期投资。因为短期投资与长期投资所承担的风险，以及获取的收益是不同的。所以，通过资产配置抵御通胀中的资金缩水问题，就要做到以下两点（见图1-6）。

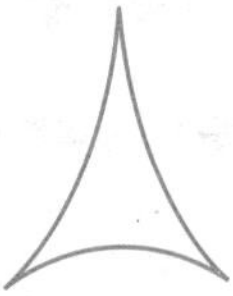

一部分资产配置到与经济成长关联性较强的投资领域中

一部分资产配置到流动性较强的渠道中

图1-6 抵御通胀要做好两部分资产配置

通货膨胀下有哪些产品可做资产配置

通胀背景下可做哪些资产配置时，我们要先来看看不同通货膨胀程度的定义，通货膨胀有温和、可控的，也有恶性的。

比如2008年上半年，受食品价格影响，官方公布的通货膨胀率达到了8%左右，这就属于恶性通货膨胀，当时央行果断采取了加息等货币紧缩政策，才让恶性通胀得到有效遏制。

按照官方定义，通货膨胀在 4% 以内属于温和，超过 4% 就被认为是恶性的。

为了抵御不同程度的通胀，可以考虑哪些产品用来做资产配置呢？

黄金、大宗商品

温和的、可控的通胀更有利于配置大宗商品和黄金。在通胀中黄金有保值增值能力，大宗商品也会出现涨价情况。

在购入黄金和大宗商品的同时，还可以配置相应的ETF（交易型开放式指数基金）。

银行理财

目前，银行理财的收益率大致在4%~5%间，期限基本在一年之内，所以，应对温和通胀，在银行做理财也是可以的。

类固收产品

类固收产品一般指的是以债权为底层资产的产品，比如货币基金、债券、央行票据、信托等，其收益率一般在6%~9%之间，封闭期在两年以内。

基金

基本投资有很多种，抵御通胀。我们不妨考虑以下几种。

1.以资本市场为投资标的的基金产品，若投资周期在3年以上，且能抵抗市场价格的频繁波动，则年收益率基本在10%以上。

2.PE类股权投资基金（私募股权简称PE），投资周期一般在3~5年，年收益率在10%~15%之间。

3.VC类股权投资基金（强调高风险高收益的投资），投资周期一般在7~10年，年收益率在20%~30%之间。

互联网金融产品

互联网金融产品主要指P2P（指点对点网络借款，是一种小额资金聚集起来借贷给有资金需求人群的一种民间小额借贷模式，属于互联网金融产品的一种），根据投资标及期限的不同，投资收益也不同，基本上与类固收产品持平或略高。

通过购买以上产品，我们既能抵御通胀，又可获取不同的收益，在做资产配置时，要付出一定的流动性成本，同时承担一定的风险，让整体财富在时间的推移中，实现保值、增值目的。

但需要注意的是：通货膨胀对股票市场的影响是负面的，因为通胀会导致加息预期，诱发资金面紧张，导致股市下跌。虽然有些情况下，一些股票会上涨，但是不建议大家用投资股票的形式规避通胀。

通胀背景下持有现金，只能坐视财富不断贬值。也要尽量避免持有债券，因为通胀状况下，加息预期会导致收益率上行，使债券价格下跌。因此，规避通胀要尽量避免持有现金和债券。

划重点！家庭资产蓄水池计算公式

很多人发现，自己每个月的工资并不低，有几万块入账，可依然是"月光族"。这也难怪，刚拿到工资，就有车贷、信用卡、借呗、花呗要还，最后想存下点钱，往往难于上青天。

无论财富对一个人或一个家庭，都像一个蓄水池，有水进来，同样也有水出去。我们先来看一张图（见图1-7）。

从这张图中，我们可以看到，影响家庭资产蓄水池的因素有两个：进水口和出水口。

进水口，也就是收入有两个：第一个是工作收入；第二个是通过理财获得的收入。

出水口，也就是支出有五个：第一个是关乎日常的衣食住行；第二个是医疗费用；第三个是养老费用；第四个是教育费用；第五个是其他杂费，比如走亲访友、婚丧嫁娶的随礼，以及不可控的风险等。

除此之外，我们还能从图中看到，蓄水池中的水还

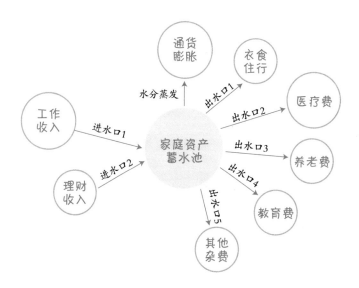

图 1-7　家庭资产蓄水池进出水口

有蒸发的部分，就是通货膨胀，若无法做好理财，这部分依然可以计入出水口的一部分。

由此，对于家庭资产蓄水池，我们能得出一个公式（见图1-8）。

家庭资产蓄水池 = 收入 - 支出

图 1-8　家庭资产蓄水池公式

想要蓄水池保持良性运转，就要池中的水持续够用。所以，要尽量增加进水口的收入，控制出水口的支出。这就要求我们做好两方面的工作：开源和节流。

开源

就是增加工作收入和理财收入。有些人工作收入有限，此时就要在理财产品上多下工夫，并根据自己的财力选择合适的理财产品。

多买资产。资产可以让现金不断流向蓄水池。比如好位置的门面、好的投资项目、分红不错的股票等。

在投资理财过程中，为了不让资产流失，还需要弄清楚各种投资产品的风险程度。我们不妨用下面的金字塔原理来讲解（见图1-9）。

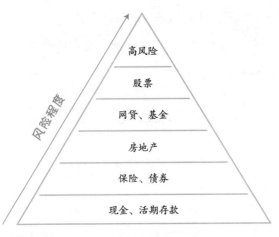

图1-9　理财金字塔

理财金字塔原理：最底层最为稳健，基本上没有风险，它是建立理财规划的基础；中层的年期、风险、回报都处于中等水平；顶部最窄，风险最高，投入资金要少。

节流

在节流方面，我们有如下建议。

1.衣食住行。在这方面能节约则节约，以吃饭为例，尽量降低在外吃饭的比例，多在家里自己做饭，既健康，又省钱。同时在衣食住行中少一些负债，因为负债会让蓄水池的水不断外流。比如为了炫耀，买一辆好车，平时用处却不大，这车要加油、买保险、保养、折旧等，不断使财富贬值。

2.教育费用。子女教育费用是一定会花的钱，这部分钱越早准备越好，最好在孩子刚出生后就准备好，因为未来10~20年，教育费用会大幅增加，若不想这一"出水口"流量过大，就得提前做好储备，否则就会影响蓄水池正常运转。所以，这部分钱为刚需，不能"节流"。可以通过10~20年时间做基金定投，或者搭配一份保守型的长期理财，比如从保险公司购买一份教育理财金钱保险。

3.养老费用。退休后，"进水口1"就中断了。辛苦了一辈子，谁都想退休后有一个有质量、有保障，且精彩、愉悦的老年生活，这就需要一笔不小的开销。所以，养老费用也是刚需。蓄水池若想一辈子正常运转，从青年、最晚中年时候，就要准备养老费用了。

不过几十年后才用得到养老规划的费用，如果对波动不敏感，不妨购入一些股票型基金，以期取得较好的长期回报。为避免中途波动较大，可以搭配年金、债券等稳健理财产品。

4.医疗费用。人吃五谷杂粮，难免会生病。一旦生病，尤其是重病，就会让"出水口2"大量外流，甚至把蓄水池中的水抽干，而且重病后几年内无法投入工作。此外，还要考虑到身故和意外伤残的风险。

所以，平时国家福利的社保一定要有，同时还要配置一份商业保险，既可以保重病，又可以兼顾身故、意外重残等，以解决可能会产生的高额医疗费用，甚至可以解决身故或高残等后顾之忧。

5.其他费用。人在世上活着，不可避免会有人情往来，但要切合个人的资产实际，尽量避免铺张浪费等现象出现。

由此可见，从节流方面来说，教育费用、养老费用、医疗费用，早准备其实是为了更好地节流；衣食住行和其他费用方面，才是真正要做到节流的环节。

盘点你的家庭资产负债表

生活中很多人了解家庭资产配置的重要性，也很重视家庭资产配置。所以，很多人参照标准普尔家庭资产配置象限图做了配置，可最后既没让家中的闲余资金升值、保值，又没让教育金、养老金、医疗金等储备稳定，有些人甚至还搞得一团糟，让生活出现了入不敷出的情况。这样的原因是什么呢？主要还是对自己的资产负债不清晰。

下面我们通过两个例子对比，进行一下说明：不管是谁，不管属于哪个年龄阶段，在进行家庭资产配置时，首先要清楚了解自己的资产和负债。

有一对小夫妻懂得家庭资产需要配置，但苦于刚跨入工作岗位不久，又生了宝宝，家中积蓄不多。因此，他们除了满足日常吃穿住行的基本生活需求外，将盈余部分投入到自身医疗、养老，以及小宝宝的教育金等一些必要的储备方面。

另一对夫妻40岁左右，孩子上小学，工作、收入都稳定，家庭有稳定的积蓄。因此，他们在做好了养老、教育、医疗等各方面的必要储备之后，又在风险较高、收益较高的股票、基金方面做了投资。

假如前面的小夫妻拿出了30%的积蓄投向股票，本就不多的积蓄可能就没有余富。这时他们在教育、养老、医疗方面的储备可能就又少之又少了，但很显然，这个阶段的年轻夫妇，在这方面的储备更为重要，一旦将资产投入股市，又赶上股市下跌严重的话，他们就会遭受不小的损失。而工作、收入都稳定的后面一对夫妻呢，积蓄较为丰厚，抗风险能力较强，因此更适合拿出一部分资产投资高风险的产品。

对自己的资产负债不清晰，就谈不上资产配置规划，因为无从入手。那么，想要搞清楚自己的资产负债情况，首先就要问自己几个问题（见图1-10）。

家庭可支配收入是多少？

家庭名下有多少不动产、存款？

家庭名下有多少贷款需要还？

家庭名下有……

图 1-10 资产负债到底如何提问

如何将这些问题弄得明明白白、清清楚楚呢？这里教大家一个非常简单的方法：盘点家庭资产负债表。

什么是家庭资产负债表

想要弄清楚家庭资产负债情况，首先来看一下它的概念（见图1-11）。

家庭资产负债表　全面反映家庭在某一时点（月底、季度末、年底）的全部资产、负债情况的报表

图 1-11　家庭资产负债表概念

需要盘点的内容

具体需要盘点两方面的内容。

资产

资产指的就是通过工作收入、理财投资等形成的由家庭拥有、控制的资源。具体可见图1-12。

流动资产	现金、活期存款、定期存款、货币型基金等
投资资产	股票、投资性房地产、信托、收藏品、债券、P2P、基金等
自用资产	自住房、私家车、家居物品等
特殊资产	社保账户余额、人寿保险现金价值、住房公积金等

图1-12　需盘点的家庭资产项目内容

负债

负债指的是家庭的借贷资金。比如信用卡需要还款的金额、房贷、车贷等。

在自己盘点之后，就可以清晰地看到资产和负债的具体数量了，这些数据能清晰地反映出一个家庭在某一时点的家庭财务状况。这也是家庭资产负债表的作用所在，可以为家庭的财务分析、投资理财等提供依据，在优化家庭消费结构、资产配置结构、帮助家庭资产快速升值等方面也发挥着重要的作用。

趁早做好资产配置，向"穷忙"说再见

"你以为自己很努力，其实你一直在穷忙"，这句话道出多少人的心声，太多人适用于"穷忙"这个词！都在嚷"穷忙"，但有谁真正想过到底是为什么吗？为什么一年到头都在忙，甚至陪家人的时间都没有，到最后却一分钱也剩不下？其中的原因可能是没有做好资产配置。趁早做好资产配置，你就可以和"穷忙"说再见了。

那怎么才能做好资产配置呢？首先要做好以下几点。

看你正处于哪个理财阶段内

资产配置不是一成不变的，它是一个动态的过程，这也是上一节中我们提到两个例子的原因。不同的家庭有不同的配置方案，而不同阶段的人，因财务特征不同，所以资产配置也不一样。具体区别，我们可以看下面的表格（见表1-1）。

表 1-1 不同理财阶段

不同阶段	短期目标	长期目标	收入和支出	资产	负债
大学毕业、单身	·储蓄 ·准备结婚 ·买车 ·进修 ·旅行 ·小额投资 ……	·买房 ·装修 ·投资理财 ·储备养老金 ·储备医疗金 ……	收入和支出因人而异	积累的资产有限，但可承受较高风险投资	开始背负较高的借贷
成家立业	·换车 ·旅行 ·提升家庭生活品质 ……	·子女教育金 ·投资二套房或换房	收入逐渐增高，但支出也随着人口的增加而增加	资产逐年增加，投资控制风险	逐渐降低负债阶段
退休	·增加理财收入 ·追求投资收益稳定 ·储备充足退休金 ……	·出售资产 ·安享晚年 ……	收入基本依靠投资理财收益，支出大于收入阶段	变卖资产安度晚年，投资固收类产品满足生活基本需求	基本无负债

　　一个青年，他会经历家庭形成期（结婚生子，事业起步）、家庭成长期（子女成长期，事业不断上升）、家庭成熟期（子女成人独立，事业达到巅峰）等几个阶段。不同阶段的收入、开支、资产、负债等各不相同，因此每个阶段的资产配置也是不断变化的。接下来，大家可以看看目前自己正处于人生的哪个阶段。

测试风险偏好

在做资产配置，尤其是规划投资理财的时候。比如钱生钱的模块，首先需要我们了解自己的风险偏好。

风险偏好，指的是为达成目标，投资者对承担不确定的风险时所持的态度。比如你是保守型的，还是激进型的，需要先进行测试，再来判断适合你的类型。不然可能你本身的风险承受能力挺高，却配置了一些过于保守的产品，如此便失去了获取较高收益的机会。一般来说，风险偏好有以下几类（见图1-13）。

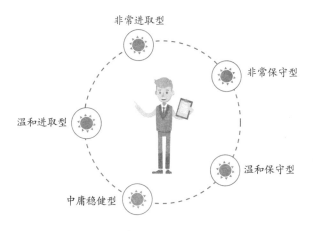

图 1-13　个人投资风险承受能力

了解自己的风险偏好，可以通过填写测试表的方式，看自己的投资风险承受能力如何。

明确理财收益目标

理财收益目标决定了资产配置的产品种类，这需要你在进行资产配置时，先明确以下三个方面的内容（见图1-14）。

目标收益
实现目标收益所需的时间
风险偏好+风险承受能力

图 1-14　做资产配置前首先明确三方面内容

目标收益这点很好理解，就是做投资理财时，你想要达到的收益水平。

实现目标收益所需时间是对流动性的要求，也看你是想在短期获取，还是长期获取这些收益。

风险偏好+风险承受能力中的风险承受能力指的是资产方面。举个例子，你储备了一部分钱打算在一年后买房，那这部分钱的风险承受能力就差，在这一年内若你配置这笔钱去"生钱"，就不宜买高风险类产品，更宜投资稳妥型的固定收益类产品。

一般来说，投资时间越长，承受风险能力越强，投资用途越重要，承受风险的能力越低。而且风险与收益是等价的，目标收益越高，那么你所投资的资产就要承受相应的高风险。若想规避风险，具体投资时不妨参考以下两点（见图1-15）。

短期内家庭没有大额财务支出，可以将生钱账户中的钱投入股票、基金需长期持有的项目中

短期有大额支出需求，生钱账户中的钱就更适合投资固收类产品

图1-15 规避风险参考

了解资产配置流程

明确自己处于哪个投资理财阶段、风险偏好，以及理财收益目标后，还要了解资产配置的流程。在此，我们为大家推荐达斯特资产配置六步骤（见图1-16）。

投资理财组合中，哪些资产种类需要考虑，哪些需要排除在外，需要在资产配置规划中明确说明。比如是包

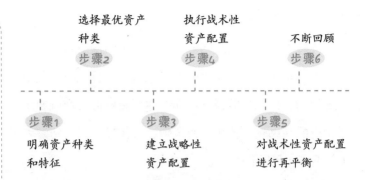

图1-16 达斯特资产配置六步骤

含多地域，还是限定某一国家或地区；是多类产品投资，还是限定一种。根据自己的实际情况，选择最优的资产种类，以求在预期风险最小化的前提下，实现预期回报最大化。要考虑每种资产的风险、回报及历史表现等特征以预判未来可能会存在的风险、达到的预期回报等。

　　制定一个长期的战略性资产配置作为标准，并且未来的资产组合都围绕这一标准实现多元化。做好这点，可以聚焦于长期最佳资产组合，以及长期投资收益，不用再计较短期市场动荡。

　　战术性资产配置指的是个人根据市场，以及各产品的价值变化等对资产配置进行的调整。如果资产配置的比例失衡，此时就要买入和卖出不同资产以便再次达到平衡。平衡度的把握还需要根据投资组合中不同资产的表现来定。比如：下一个投资阶段内与当前阶段内的投资表现相当，就卖出绩效不佳的资产，买入绩效上佳的资产；若下一阶段的情况与当前相反，就卖出绩效上佳的资产，买入绩效不佳的资产。

　　虽然战略性投资组合从一开始就要定下一个基调，但资产配置是动态的，战略性投资组合也要随着环境、心态、资产、负债等变化而不断变化。这就需要你在投资过程中不断回顾，根据情况做出调整，确保资产配置最优化。

想管好家里的钱，就离不开4个账户：现金账户、投资收益账户、长期收益账户、杠杆账户。每个账户都发挥着极其重要的作用，是家庭资产配置的基础，同时也是管好财富的途径。富爸爸拥有这4个账户，便能生活踏实，遇事也会迎刃而解。

PART 02

管好 4 个账户，
穷爸爸变身富爸爸

现金账户：打造最可靠的财富粮仓

　　资产配置的4个账户中，第一个就是现金账户，即维持日常开销的账户，短期要消费的钱，一般占家庭总资产配置的10%，作为家庭3~6个月的吃穿住行，以及买衣服、旅行、美容等费用开支。

　　因为准备的是短期内的必要开销，生活中我们得确保急需用钱时，手头有足够的可支配现金，还得避免过度消费变成"月光族"。因此对现金账户，我们也要好好管理，同时还要做好以下几点，以打造最为可靠的财富粮仓。

学会现金流管理

　　学会家庭现金流管理，能帮助我们管好家庭资金的流入、流出，让每一分钱都清清楚楚。且现金流管理可以保持个人或家庭财务平衡，让家庭生活质量提升。下面我们先来看一下现金流管理的概念。

现金流管理

是根据个人或家庭的理财目标，在当前或未来一定时期内，在现金流的数量、时间方面所做的预测与规划、执行与控制、分析与评价等，旨在实现个人或家庭的财务自由提供财务支持，以实现个人或家庭的财务目标。

想要学会现金流管理，首先要了解现金的流入、流出都有哪些（见图2-1）。

除了平日里要了解现金的流入、流出情况，还要了解这些现金的流入和流出是否在安全性指标范围内。这

日常开销：衣、食、住、行等支出

大宗消费：买房、买车及子女教育、养老等

意外支出：重大疾病、意外伤害及第三者责任赔偿等

+

普通流入：工资、奖金、养老金等

补偿性流入：保险金赔付、失业金等

投资性流入：分红利息、股息收入及售卖资产所得等

图 2-1　现金流管理中的现金流入、流出项目

就需要我们考量自己对现金账户的应急能力和偿债能力（见图2-2）。

$$应急能力 = 流动资金 / 月支出 > 3~6倍$$
$$偿债能力 = 偿还债务本息 / 收入 < 40\%$$

图 2-2 现金账户的应急能力和偿债能力

也就是说，流动资产要保持在月开支的3~6倍，才能在急用钱时有钱可用；且要偿还的债务不高出收入的40%，财务才算在安全指标范围内。如果流动资产与月支出的比在3以下，甚至是负数，或者偿还债务本息与收入的比大于40%，那么你就要认真审视现金账户了。

制订现金流计划

在管理现金账户时，要懂得制订一个时间段内的现金流计划，比如一周、一个月、一个季度甚至是一年的计划。现金流计划不仅帮助大家管理好现金账户，还能有效地做好资产配置及理财投资。下面我们通过三步法来教大家制订详细现金流计划（见图2-3）。

通过这样三个步骤，基本上就清楚一个阶段内的收支、投资情况了，而且具体金额、用途及来龙去脉等一目

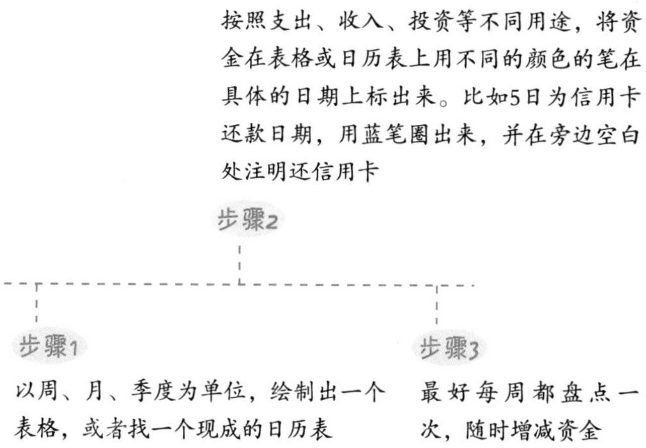

按照支出、收入、投资等不同用途，将资金在表格或日历表上用不同的颜色的笔在具体的日期上标出来。比如5日为信用卡还款日期，用蓝笔圈出来，并在旁边空白处注明还信用卡

步骤2

步骤1

以周、月、季度为单位，绘制出一个表格，或者找一个现成的日历表

步骤3

最好每周都盘点一次，随时增减资金

图2-3　现金流计划

了然。通过这样的阶段走势，基本能预估出全年所需的应急资金额度，以及使用频率。然后通过盘点，不断调整资金额度，以及投资工具，在不影响应急需求的前提下，不妨将现金账户中部分现金用做投资，以提升收益。

常用现金流管理工具

我们前面说了，现金账户中一般要留下3~6个月的日常开销费用，而学会了现金流管理及做好了现金流计划之后，这部分现金我们也可以来做投资，赚取收益，只是不宜选择高风险、长期投资类型的产品，完全可以考虑稳健、流动性非常强的投资产品。下面就为大家推荐几种比较适合用作现金管理的工具。

银行存款

银行存款是很多人首选的理财工具，只是通过这条渠道赚取较高的收益不太可取，而作为现金账户的管理工具却非常好。因为其流动性好，基本上没有风险。1~3个月内最为紧急的现金可以存为活期，而3~6个月以上的储备现金不妨存为定期。但存定期时也需注意时效性，不要影响到后面每个月的支出，最好一月一存，每次按3个月定期存，这样以后不仅每个月能收到一笔到期的款项，而且能收入一定的利息。

互联网理财型货币基金

目前互联网上有不少的理财型货币基金，比如余额宝或京东金融的小金库等，他们风险较低，且随存随取，完全不影响资金的急需。更为重要的是，这种货币基金收益率一般在年化利率4%左右，相对银行利息来说还要高一些，因此很适合作为现金账户的管理工具。

当然，互联网理财工具有很多，还需要大家擦亮眼睛，选择合法、正规的渠道。

投资收益账户：像巴菲特一样慢买资产

大家都知道股神巴菲特通过投资收益，赚取了几百亿的资产。在管理自己的财富时，大家也可以向巴菲特学习，用闲置的钱生钱，这就涉及投资收益账户。

投资收益账户是生钱的钱，占到家庭总资产的30%，是用具有风险的投资为家庭创造更多的财富。当然，因为具有风险，因此可能会有亏损的情况。所以，

图 2-4　可用来投资赚取收益的途径

这一账户的财富管理还需要智慧，最好是用你最擅长的方式投资赚取收益，股票、基金、房产、互联网金融等，都是可以用来投资赚取收益的途径（见图2-4）。

股票

股票是上市公司发行的所有权凭证，也是股份有限公司用来证明股东身份和权益的公开发行的凭证。通过这一凭证，股东才能获得股息和红利。投资股票需要掌握一定的技术知识，比如要懂得分析大盘及基本面，还要会看K线图，同时也需要长时间盯盘。所以，对于投资理财"小白"来说，一般并不建议投资股票。

基金

基金是将众多投资人的资金汇集到一起，由专门的基金托管人托管，并通过股票、债券投资等途径获取收益。

基金主要有货币型基金、债券型基金及股票型基金等几种。

货币型基金是指仅投资于货币市场工具的基金，以国库券、商业票据、银行定期存单、政府短期债券、企业债券、同业存款等短期固定收益类金融工具为主要投资对象，其风险最低，不过灵活性强，一般都能随用随取，比如大家常用的一些理财软件余额宝、京东小金库等，就属于这类基金。

债券型基金是指80%以上的基金资产投资于债券的基金，投资对象主要是国债、金融债和企业债，因为投资的产品收益较稳定，风险性也低，又称为固定收益基金，且灵活性也较强，基本可以随用随取。

股票型基金是指投资于股票市场的基金，股票仓位不低于80%，但从风险系数来说，股票型基金远高于其他两种基金。

房地产

房地产投资是以房地产为对象，为获得预期效益，对土地和房地产进行开发、经营及购置的投资。个人投资的话，主要以购置然后转手出售为主。但由于房地产投资占用资金多，资金周转期长，又与市场变化关系紧密，所以投资风险因素多。再加上房地产资产流动性低，购置后不能轻易脱手，一旦投资失误，房屋空置，资金不能按期收回，就会陷于被动，甚至背负债息负担等。

P2P理财

　　P2P理财是目前比较受欢迎的互联网金融理财产品，其收益率相对较高，期限灵活，门槛较低等。但是因为有些互联网金融产品不合规，存在欺诈客户行为，设置"资金池"，存在非法集资犯罪行为，比如e租宝等。因此，在选择P2P互联网金融理财产品时，还是要谨慎，否则很可能会亏了所有本金。

长期收益账户：以实业家的眼光做投资

长期收益账户中的钱是保本升值的钱，一般占到家庭资产的40%，是用来保障家庭成员的养老、子女教育，以及未来子女继承的钱等。这个账户一定要有，并需要提前准备好，并且需要保证本金不存在任何的损失，同时还能够抵御通货膨胀。因此，这个账户不重收益，而重稳健（见图2-5）。

长期受益账户要点：

保本升值，本金安全，收益稳定，持续成长

图 2-5　长期收益账户的要点

因为这一账户主要起到的是保障作用，为的是保障子女的教育，以及自身养老问题，因此这一账户又具有以下几点特性（见图2-6）。

不能说现在手头紧，就将长期收益账户中的钱取出来用。举个例子，养老金要不断存入账户，如果有一天

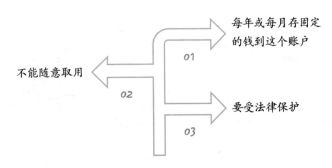

每年或每月存固定的钱到这个账户

不能随意取用

要受法律保护

图 2-6　长期收益账户的特性

家庭打算买车、买房或装修，将养老金提前取出来用掉了，等到自己老了就是问题。

每年或每个月都往这个账户中存入固定数额的钱，才能积少成多。它们是受法律保护的，要将这一账户与企业资产相隔离，不能用作抵债。

稳健而不重收益的长期收益账户，其特点是大额、远期、强制及不确定性，针对这些特点，在选择投资工具时，就要考虑"长期稳定投资和杠杆"的特点，基金定投、信托、债券、养老保险、年金保险等，就是非常适合长期收益账户的管理工具。

杠杆账户：创建以小博大的财富模式

杠杆账户也是保命的钱，一般占家庭资产的20%。之所以叫杠杆账户，目的是以小博大，又是保命的钱，是专门用来解决突发事件的大额开支，比如突然发现得了重大疾病，需要高额医疗费用，此时就需要动用这一账户的钱了（见图2-7）。

① 医疗
人吃五谷杂粮，谁都有可能去医院看病

② 重大疾病
购买重疾险，万一查出重大疾病，可以利用杠杆以小博大，支付高额的医疗费用

③ 意外伤害
人生无常，一旦遭遇车祸等意外事件，能解燃眉之急

图2-7 杠杆账户的用途

这个账户因为是保障突发的大额开销账户，一定要专款专用，以确保家庭成员在出现重大疾病、意外事故或生病住院时，都能有足够的钱来保证性命无忧（见图2-8）。

杠杆账户要点：
意外、重疾保障，专款专用

图 2-8 杠杆账户要点

杠杆账户主要管理工具是意外伤害和重疾保险，因为只有保险能以小博大。这一账户平时看起来可能起不到任何作用，因此很多人对其并不重视，认为没有必要。但真到了关键时刻，比如有重大疾病或意外伤害发生时，这一账户中的钱能够及时给予保障，而不会让人因为着急用钱而卖车、卖房、低价套现股票，或者到处借钱、欠人情等。

现金账户是满足日常生活开支、最基础的生活保障账户。这一账户中的钱，要确保能够随用随取。因此，富爸爸要注意这一账户必须具备流动性强的特点。银行储蓄、货币基金等都是不错的现金管理工具，不但流动性强，而且还能获取收益，增加账户中的现金。

PART 03

现金账户里都是
富爸爸储备的 "余粮"

建立你的家庭理财记账簿

　　无记账，不理财！家庭生活中更多的是柴米油盐，比较琐碎。其中，哪些钱是必须花的；哪些钱可以省下来；哪些是收入的钱；哪些是支出的钱，每一笔都要记得清清楚楚，才能让家庭现金账户不断有"余粮"。要想家庭收支情况清晰，就需要记账。

了解记账的重要性

　　记账是理财开始的第一步，也是最基础的一步，可是很多人看不到家庭记账的重要性。只有知道记账的重要性，才能坚持记账，把理财做好。

记账的重要性

1.清楚钱都花在哪些地方了

2.清楚哪些钱该花，哪些钱不该花

3.清楚一年或一月、一天当中必须要支出的钱

4.清楚每月收入的钱

5.清楚有多少闲置资金可以用做理财投资

6.清楚如何分配资金才是最优配置

7.可以时刻看到收益，对理财方案做调整

……

选择适合的记账方式

　　家庭记账可以选用手机上现成的记账簿软件，简捷方便，只要从手机应用宝或应用商店中搜索记账本或记账簿，就可以出来诸如Timi时光记账等APP。各款APP有利有弊，可以符合不同人群的喜好，大家可以自由选择。比如Timi时光记账，主要是流水账式记账，能够直

图 3-1　手机记账 APP

观显示每天和每月的收支情况；随手记，则是一款大众记账软件，也是广受用户欢迎的一款；粉粉日记，则更适合女孩子使用，很萌很可爱，其中包括日记、记账本、便签本，甚至身高、体重指数等（见图3-1）。

当然，除了借助手机上现成的记账APP外，也可以选择手动记账。记账内容应包含收入和支出两部分，且要注意以下两点（见图3-2）。

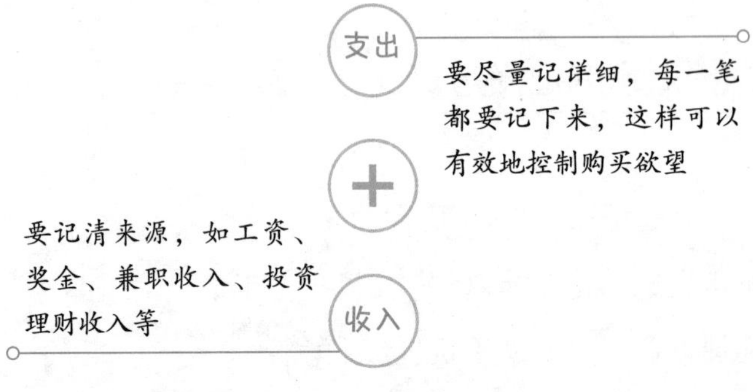

支出　要尽量记详细，每一笔都要记下来，这样可以有效地控制购买欲望

要记清来源，如工资、奖金、兼职收入、投资理财收入等　收入

图3-2　记账内容注意事项

记账的目的要记牢

无论用手机APP，还是手动记账，记账都不是目的，而是理财计划的制定，通过记账进行月末、季度末、年末的总结，最终确定出理财计划，这才是记账的

富爸爸的家庭理财手册

初衷。因此，在记账中，就需要注意以下3个阶段（见图 3-3）。

① 初级阶段
知道自己花了多少钱，花在哪里

② 中级阶段
知道该花多少钱，建立每月收支目标，并且根据收支情况对账目进行调整

③ 终级阶段
根据收支确定理财计划

图 3-3 记账过程的 3 个阶段

明确了以上几点，将日常生活中琐碎的点滴收入及开支都记录下来，相信总有一天，理财小白的你也会变成持家理财的好手。

认真储蓄也是一种投资

  因为要确保3~6个月的家庭开销，现金账户中的钱在做投资时就需要注重流动性强且期限短了，但这种投资一般收益都不高，很多人为了避免麻烦，干脆将这个账户全部交由了银行储蓄。目前银行储蓄的利息偏低，但只要认真储蓄，了解银行储蓄的一些方式和窍门，也能确保此账户的钱生息生钱。

储蓄的方式

  很多人去银行储蓄就是简单把钱存进去，殊不知，储蓄有多种方式，详情可见图3-4。

储蓄有窍门

  了解储蓄的方式后，再了解一些储蓄的小窍门，

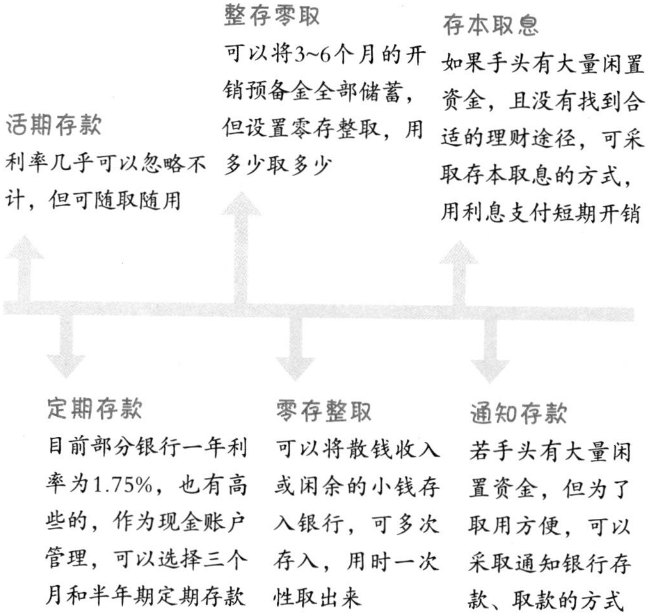

整存零取
可以将3~6个月的开
销预备金全部储蓄，
但设置零存整取，用
多少取多少

存本取息
如果手头有大量闲置
资金，且没有找到合
适的理财途径，可采
取存本取息的方式，
用利息支付短期开销

活期存款
利率几乎可以忽略不
计，但可随取随用

定期存款
目前部分银行一年利
率为1.75%，也有高
些的，作为现金账户
管理，可以选择三个
月和半年期定期存款

零存整取
可以将散钱收入
或闲余的小钱存
入银行，可多次
存入，用时一次
性取出来

通知存款
若手头有大量闲
置资金，但为了
取用方便，可以
采取通知银行存
款、取款的方式

图3-4 储蓄的方式

便可以让储蓄最大获利。都有哪些小窍门可以借鉴利用
呢？下面的几点不妨一试（见图3-5）。

　　了解了银行储蓄的方式及窍门，还需要大家多关注
各家银行的市场行情，有些银行为了吸储，相对其他银
行利率可能会高出不少，此时就可以选择这些银行进行
储蓄。当然，如今法律规定银行可以宣布破产，所以我
们在选择银行储蓄时，除了看利率，还要关注银行自身
的情况，关注银行能否保证本金的安全。

★ 少存活期

存期越长，利率越高，利息越多，若3~6个月的开销较大，不妨将后期的开销采取零存整取的方式，利息比活期高不少

★ 到期支取

定期存款提前支取只按活期计息，凭证式国债则不计息。若快到期时急需用钱，不妨以定期存单去办理抵押贷款，两相比较，看利息高还是贷款高，然后做出最终决定

★ 滚动存取

将半年或一年的需用资金，分成12等份，每一份每个月都存一个一年定期，一年后，每个月都有一个定期存款到期，支付当月开销。既不影响使用，又能拿高息

★ 选择外币

外币的存款利率与本国的利率相关，储蓄时关注市场行情，不妨适当购买一些外币用来储蓄

图3-5 储蓄的窍门

货币基金和银行储蓄的美搭

要想现金账户中，有足够的"余粮"供3~6个月消费，在对这一账户进行理财管理时，选择货币基金不失为一种不错的选择。如今，货币基金已经成为一种越来越流行的投资理财方式，不仅收益稳定，且风险低。下面我们具体来了解一下货币基金。

我们先来看看什么是货币基金。

货币基金

货币基金是一种开放式基金，它聚集社会闲散基金，由基金管理人运作，并且由基金托管人保管，是专门投向风险性小的货币市场工具。

货币基金之所以让大家趋之若鹜，用大量现金账户中的现金购买，自然是因为其优势所在。下面我们就来看看货币基金都有哪些优势（见图3-6）。

虽然货币基金具有以上优势，但毕竟属于投资的一种，但凡投资就有风险，低风险不等于无风险，因此，

安全性高
极少发生本金亏损

收益稳定
收益比银行存款高很多，且能
及时把握利率变化及通胀趋
势，获取稳定的较高收益

投资周期短
投资标的时间
短，一般在一年
内，不会占用投
资者资金太久

投资门槛低
购买资格设置低，
且没有手续费

资金流动性高
资金流动性可比活期
存款，基本都可以随
用随取

操作方便快捷
用智能手机即可操作，
买卖方便，且基本都是
即时到账

图3-6 货币基金的优势

货币基金的风险也不能忽视。一般来说，货币基金有以下几点风险需要关注（见图3-7）。

货币基金可以随时赎回，而补充流动性的方式只有新申购资金和变现持有资产两种，一旦遇到集中的巨额赎回，就会出现流动性风险。为了避免流动性风险，要注意以下策略（见图3-8）。

如果市面资金突然变紧，基金投资债券很有可能没有办法覆盖高杠杆成本，且流动性风险随着杠杆的高低而变化，杠杆越高，流动性风险越大。且投资期限越

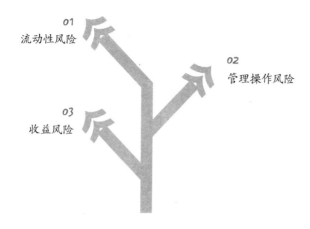

01
流动性风险

02
管理操作风险

03
收益风险

图3-7　货币基金存在的风险

尽量选择低杠杆、
投资品种剩余期限较短的基金产品

图3-8　应对货币基金流动性风险的策略

长，流动性风险一般也会跟着升高。

　　由于公司治理结构不健全、内控制度不完善、风险管控不到位、员工队伍管理不善等原因，可能会造成货币基金在管理操作中出现风险，致使收益受到影响。要规避此风险，需注意以下方面（见图3-9）。

　　收益风险指的主要是由于收益波动发生亏损，或者获利比预期减少的可能性。为了避免收益风险的发生，选择靠谱的货币基金就显得很重要了，这一点我们会在

选择制度完善、信誉良好的大型基金公司，
同时要注意互联网平台的可靠性

图 3-9　应对货币基金管理操作风险的策略

后面的节点中详细介绍。

正因为货币基金也存在一定的风险，因此，为了确保现金账户中的钱随用随有，不妨将这个账户中的钱用货币基金和银行储蓄两种方式来管理，既规避了一部分风险，同时又不影响日常开销使用。

货币基金收益计算规则

虽然存在一定的风险，但相比其他理财工具来说，货币基金安全性高、流动性强、收益稳定、投资成本低等特点，成了闲置资金尤其是供给短期开销的现金账户最好的管理工具。

不过，面对众多的货币基金产品，我们首先考虑的还是收益。说到收益，首先就要了解货币基金收益的计算规则，而其中反映货币基金收益率高低的两个常用指标就更要注意了：一个是七日年化收益率，一个是每万份收益。

七日年化收益率

我们先来了解一下七日年化收益率的概念。

七日年化收益率是货币基金长期收益能力的一个参数。举个例子，如果用一万块钱购买了一支货币基金，过去七天平均收益为1元，那么七日年化收益率就是：1/10000×365=3.65%。有可能一年期下来，这支货币基金的收益率都在3.65%左右。

七日年化收益率

是指货币基金最近七日的平均收益水平，进行年化后得到的数据。即将最近七天的平均收益折算成一年的收益率。

即便如此，七日年化利率高是不是就意味着这支货币基金的长期收益都如此呢？这是不一定的。举个例子：基金公司卖掉一部分债券，释放收益，就会出现某天收益率突然飙升的情况。通过下面的图我们来了解一下（见图3-10）。

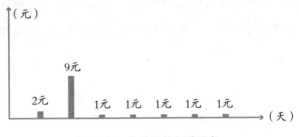

图3-10 收益突然飙升现象

如上图，虽然七日平均收益为：17/7≈2.43元，但事实上，是第二天突然飙升才拉高了平均收益，并不能反映这支基金的长期收益情况。因此，还要多关注每万份收益情况。

每万份收益

每万份收益怎么理解呢？来看定义。

 每万份收益
通俗讲，就是投资1万元购买货币基金当日所得的收益。

这里需要说明一点：货币基金的每份单位净值都是固定为1元。也就是说，买了5000元钱的货币基金，那么就拥有5000份该基金。

而每万份收益也就是每一万份货币基金份额当日能够获得的收益。具体计算方法可以参照下面的公式（见图3-11）。举例：某支货币基金某日万份收益为1.05，持有货币基金份额为5000份，那么该日收益为5000/10000×1.05=0.525元。

货币基金的每日收益 = 持有份额 ÷ 10000 × 该日万份收益

图3-11　每万份货币基金每日收益计算公式

关注万份收益时，还要看很长一段时间内，每日的万份收益是不是持续保持稳定，稳定在一个什么样的位置，是较高，还是较低。如此不仅能反映基金盈利的稳定性，还能反映基金盈利的历史收益情况。历史收益能帮助判断基金经理的投资能力；曲线波动小，且保持上扬，就表明基金盈利的稳定性强。

确定了基金的收益稳定性与否及历史收益情况，就可以根据个人要投资金额的具体情况，计算一下投资期限内可能得到的收益了。

如何选择靠谱的货币基金

目前，中国市场上有几万亿的资金都投在货币基金上，共有几百种产品，利率水平也高低不等、参差不齐，从3%~7%的都有。这么多种货币基金，利率水平又不同，那在选购时，我们该选择哪种呢？如何选到更安全、更靠谱、收益率更高的产品呢？其实也很简单，只要明确4个原则，然后择优选择即可（见图3-12）。

1 选择规模适中的

2 选择中长期业绩稳定的

3 选择散户占比高的

4 选择赎回速度快的

图 3-12　选择货币基金的 4 个原则

首先我们来看看为什么要选择规模适中的，重点还在收益率上（见图3-13）。

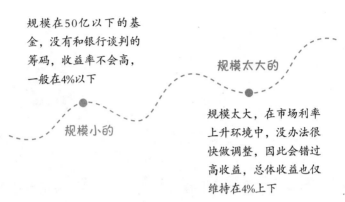

规模在50亿以下的基金，没有和银行谈判的筹码，收益率不会高，一般在4%以下

规模太大的

规模小的

规模太大，在市场利率上升环境中，没办法很快做调整，因此会错过高收益，总体收益也仅维持在4%上下

图3-13　为什么选择规模适中的货基原因

大家熟悉的余额宝，规模就很大，从近几年的市场情况来看，它的收益率也始终维持在4%上下，很多时候还在4%以下。根据2017年、2018年的市场情况来看，基金规模在100亿元~400亿元的情况下，收益率是最高的。所以，大家可以多关注此类基金。

看规模和收益率，大家可以从网上搜一下货币基金收益排行。

其次，中长期业绩稳定的基金，在能够保证安全性的同时，也能保持一个基本稳定的收益率。

再次，选择散户占比高的货基，这点与货基的流动性有很大关系。现金账户选择货基来管理，最重要的就是流动性，有随时变现的能力，而散户占比高的货基流动性强。为什么这么说呢？因为机构型货基申购、赎回都很频繁，对资金的松紧特别敏感，市面上资金宽松，就开始大量申购，市面上资金紧张，就马上赎回。申购、赎回频繁，且资金量大，就会对货基的安全性、流动性造成很大影响。

如何挑选一支散户型货基呢？我们还得遵循以下原则（见图3-14）。

散户占比超过60%的货基，就算市场利率变动，基金净值也不会出现很大波动，因此其安全性和流动性都有保障。

> 看每支基金提供的持有人结构数据，
> 挑选散户比例超过60%的基金

图 3-14 挑选散户型货基原则

最后再看赎回速度快的。现金账户中的钱是为了满足日常开销，因此无论选择哪种理财管理工具，都要确保能够随用随取。在选择货基时，要选择取现周期为 "T+0" 即时到账（当时到账）的，即便不能即时，也要两个小时之内到账的，这样才能灵活替代其他理财工具，随时想用钱随时能拿到现金。比如京东小金库、余额宝等，基本都能做到即时到账，或者两个小时内到账。

此外，还要选择交易时间为7×24小时服务的，这样更能保证随时能提现。

刷信用卡的钱，吃货币基金的利息

如今，信用卡受到了越来越多人的青睐。除了信用卡为大家提供了便利的同时，更重要的是，其具有50~56天的免息期。而如何利用免息期为自己带来额外收益，一直都是崇尚理财的人非常关注的问题。那么，今天我们就来说说，如何通过刷信用卡的钱吃货币基金的息，并且满足日常的开支使用。

不过，在使用信用卡赚取货基收益之前，我们首先要弄清信用卡的两个关键日期：账单日和还款日（见图3-15）。

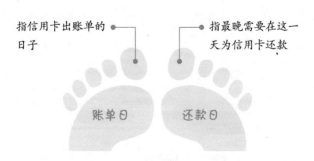

图 3-15　信用卡两个关键日期

通常情况下，到最后还款日后，银行会宽限3天时间，也就是说，在最后还款日后三天内还清不算违约。但使用工商银行信用卡的朋友要注意，工商银行没有宽限期，到期还款日内没有还款，可能会产生利息或违约金，影响个人信用。

除了上面的两个关键日期，还有非常重要的一个"期"需要弄清楚，它就是最大免息期。从银行记账日起至到期还款日之间的这段时间，为免息期。根据刷卡的时间，免息期可长可短，但只要会刷，就能获得最大免息期。那怎么刷呢？下面教大家一招（见图3-16）。

只要在账单日后一天刷卡就可以获得最大免息期

图3-16　最大免息期的刷卡时间

根据不同银行，最大免息期有50天和56天两种。见下表（表3-1）。

了解以上信用卡的内容后，接下来我们来说说如何利用信用卡赚取货基收益。

即便是工薪族，每个月拿着不多的固定收入，也可以借助信用卡投资货基。具体操作方法如下（见图3-17）。

表 3-1 不同银行信用卡的最大免息期

最大免息期	银行
50天	建设银行、中国银行、邮政储蓄、招商银行、中信银行、浦发银行、兴业银行、民生银行、光大银行、平安银行、华夏银行、北京银行等
56天	工商银行、农业银行、交通银行、广发银行等

每月发工资后，留出一小部分应急，
其他的钱用来购买货基，日常开销用度则刷信用卡

图 3-17 用信用卡维持日常开销用度的具体操作方法

采用这种方法，只要将基金的赎回日定在信用卡还款日前两天就可以了，这样的话，就可以用赎回的基金的钱还信用卡的钱。

上面我们说到了最大免息日，如果月中有一笔大额开支，那么尽量调在账单日后一天，这样可以利用最大免息日，最大程度赚取收益。

比如：工商银行的账单日是每月的12日，还款日是次月的5日。如果在3月12日账单日后一天，也就是3月13日，用信用卡消费一笔1万元的商品，那么先暂时将手中

的1万元现金购入货基，只要在5月5日还款日前赎回，还上这笔信用卡消费即可，而由此便能赚取这期间的货基收益。

而且买卖货基，一般都免收手续费，申购费、赎回费都是零。所以，不用担心申购、赎回费用。

虽然以上方法可以用信用卡吃到货基的息，但每次都手动操作，难免麻烦，一旦忘记，会影响个人借款信用。但使用基金公司和信用卡中心推出的联名卡就变得简单多了。比如：汇添富基金与中信银行推出的"添富信用卡"，就让基金投资账户和信用卡得到了联结，而且还具有自动还款功能。

当然，很多人可能会直接将信用额度提现，然后去投资货基，但提现费用很高。比如广发银行，提现手续费按取现金额的2.5%收取，每次收取手续费不得低于10元，这就得不偿失了。

此外，还有一些套现的现象存在，但恶意套现属于违规行为，会受到法律追究，崇尚理财者还是应找到适当且合法的方法利用信用卡，避免恶意套现的现象出现。

越刷越有钱的信用卡使用姿势

说到信用卡，可能很多人下意识都会想要离它远一点，因为听到了太多爆刷信用卡还不起钱的故事，可毕竟还不起钱的人是少数，不然银行早关门大吉了。如果平时你用信用卡，会发现一个奇怪的现象：越有钱的人越喜欢用信用卡，而且越用越有钱，但也有一些人从"月光族"变成了"月欠族"。这到底是怎么回事？这种情况通常是以下的原因（见图3-18）。

利用信用卡透支消费赚取更多的收益

明白信用卡的方便

不会担心还不上刷卡的钱

越刷越有钱者

购物喜欢用现金支付

月光族变月欠族者

过度刷卡，超出自己的还款能力

有钱不还，总最低还款，现金分期等

对还款期视而不见，不仅增加利息，甚至影响个人征信情况

图 3-18　越刷越有钱、越欠越没钱的原因

富爸爸的**家庭理财手册**

因此，刷信用卡也要会刷，且在自己的还款能力之内。接下来，我们就来看一下越刷越有钱的信用卡使用姿势。

巧薅羊毛

信用卡可以给大家带来便利，同时也能给银行带来收益，为了提升自家银行的收益，吸引并留住客户，发卡银行经常会开展一些优惠活动，比如赠送电影票、加油卡、购物卡等，虽然金额不会太大，但若是能抓住这种薅羊毛的机会，一年下来，也能为自己省下不少钱。

充分利用免息期

前面说过了，最长免息期为56天，不仅如此，还能更改账单日，让最长免息期可达80天。将这部分免息期充分利用起来，就能有一笔小收入了。

积分兑换

绝大多数的发卡行都有积分活动，比如积分换购、积分换话费卡、积分订机票等活动。比如工商银行信用卡客户，就可以利用积分在融e购商城中换购物品。

按时还款

重视还款日，可以用手机设置提醒，到还款日前一两天提醒你还款。

能不分期则不分期

虽然分期降低了还款压力，但银行会收利息。无论利息高低都是一笔损失，而且自己挖的坑还得自己填，无论分期多久，本金和利息早晚都要你自己来还。

做到了以上几点，相信终有一天，你手中的信用卡会变成你的摇钱树。

要想撇开穷人思维，用富人思维运作手中的闲置资金，富爸爸就要懂得投资，让钱生钱。而投资，就离不开股票和基金。然而，不管是股票还是基金，尤其是股票基金，都有高风险特点，富爸爸想要从中赚取高收益，就得有自己的投资心得和投资策略，真正从高风险的产品中赚取高收益。

PART 04

股票和基金都是
富爸爸的财富银行

不要炒股，要投资股票

不知道什么时候有了"炒股"一词，意思是将股票频繁地买进卖出，就像炒菜一样，不断地翻来覆去，所以就有了"炒股"。但资深的老股民告诫各位想入股市的新股民们：股票从来都不是用来炒的。

如何理解"炒股"

究竟什么是炒股？可能各有各的说法。有的看K线；有的看大盘；有的看庄家；有的看趋势；有的看波动；有的研究技术；有的看百家，但终归逃不过大多数人亏损的结果。为什么会有这样一个结果，现在我们来看看"炒股"背后的含义（见图4-1）。

炒股就是股票投机，就是冒着损失本金，甚至是全部本金的风险买卖股票，期望从市场价格波动中获利。投资者频繁出入证券市场，买低卖高，不要求分红，只

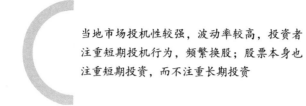

当地市场投机性较强，波动率较高，投资者注重短期投机行为，频繁换股；股票本身也注重短期投资，而不注重长期投资

图 4-1 "炒股"背后的含义

从股票价格差价中获利，这就是股票存在暴利的原因。但暴利背后一定有很高的风险存在，这就是为什么会有很多人折在股市中，血本无归的原因。

因此，要想进入股市，做稳健理财，就不要抱着"炒股"的心态，一定要理性看待股票市场，理性投资股票。那怎么才算理性投资股票？这就要看对待风险的态度了，因为不管是投资，还是投机，其实是对待风险的一种掌握态度、分析能力及策略（见图4-2）。

投机者没有给自己留一点防护措施，面临风险只能随波逐流

投资者对风险有一个整体的认知，有一个良好的心态，有一套从容应对的策略

图 4-2 投资者和投机者对待风险的态度

股票投资风险很大，若是真正抱着投资的态度就是稳健的。哪支适合短投资，哪支适合长线投资，投资者心中是有数的；若是投机，无疑是冒险了，是赚是赔，很快就清楚了。

因此，要想进入股票市场，就要将股票当成生意一样投资，不要有短期投机、频繁换股的想法，真正借助股票获取收益。说到这里，我们就要看看股票投资的收益来源。

如何做好股票投资，获取最大收益

股票投资的收益一般由两部分组成（见图4-3）。

收入受益
投资者以股东身份，按照持股份额，在公司盈利分配中得到股息和红利

资本利得
投资者在股票价格变化中所得的收益，即将股票低价买进、高价卖出所得的差价收益

图4-3 股票投资收益的两个部分

从股票投资的收益组成来看，收入收益要看公司的盈利情况，资本利得要看股票的交易情况。也就是

说，想要通过股票投资获取最大收益，首先要做到以下几点。

选公司（即选股票）

前面我们简单解释过股票的定义，股票是股份公司为筹集基金发行给所有股东作为持股的凭证，并借以获取股息和红利的一种有价证券。也就是说，其实股票的

缓慢增长型
处于成熟期，规模大、历史久、股息高、增长慢，比如电力、公路等公用事业型

稳定增长型
市值较大，经营稳定，主要以消费品牌为主，是否盈利取决于买入的时机和价格

周期型
公司经营发展的扩张、收缩与宏观经济水平变化有关的行业，如煤炭、钢铁等。投资关键在于时机选择

困境反转型
濒临危机又涅槃重生的公司，比如全球性金融经济危机后起死回生的公司

快速增长型
规模小，增长快，以集中度较低行业和快速增长型行业为主，比如医疗服务等。投资时关键判断增长期何时结束，价格是否合理

隐蔽资产型
先于他人发现公司具有成长性资产价值，比如被低估的特许营业权、房产证等。关键在于深刻理解公司的业务与其资产价值

图4-4 公司的六种类型

背后是一家要融资的公司，投资股票其实就是投资某一家公司，将手中的钱借给这家公司，成为这家公司的股东，然后和这家公司共进退。公司赚钱，跟着分红；公司赔钱，跟着一起亏钱。所以，买股票就是买公司，尤其要看公司的盈利能力。

上市公司有千万家，如何选择？千人有千法，只要能从中赚取收益的优秀投资人都有自己的一个选股方法。就拿伟大的股票投资人彼得·林奇来说，他就将公司分为六种类型，大家不妨了解一下（见图4-4）。

了解公司的类型后，再根据自己的偏好，选择具体公司的股票。大致来说有下面两种方法（见图4-5）。

我们该选择哪种类型的公司投资，选择哪只股票，或者采用哪种方法选择，关键在于是不是适合自身的性

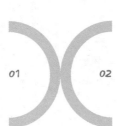

自上而下。即通过分析宏观经济、信贷政策等看整体经济水平，选择景气度高，有发展优势的行业，再选择行业中具有竞争优势的企业

自下而上。即通过调研公司的商业模式、成长空间和估值水平等，直接切入具有成长性、竞争优势的上市公司

图4-5 具体选择股票的方法

富爸爸的家庭理财手册

格，同时在投资过程中，不断完善、改变以形成自身的
投资策略风格。

如何交易股票

选好了股票后，进行交易无非就是买入、持有和
卖出几个行为，但什么价格适合买入、买入多少、一次
性买入、分批建仓买入、持有多长时间、什么时候卖
出……看似简单的买卖行为，却是股票投资者最难掌握
的技能，一招不慎，就会损失不少的收益。但是具体该
如何交易，个人有个人的说法，每个人背后都有一套适
合自身的交易系统。不过无论你有怎样的交易系统，请
不要忘记以下两点（见图4-6）。

既然想投资股票就要具备投资股票的心态，不要投
机；不要跟风；不要盲目，深入了解要投资的公司，这
样才能在股市里赚取最大的收益。

买入价格便宜与否，是相对概念，关键还要横向比较同行业，纵向比较公司可预见未来的盈利能力

投资股票的本质是投资背后的公司，深入分析它盈利能力值不值得你继续持有

图 4-6　交易股票时应注意的两点

跟风买股？小心缴"智商税"

　　股市风云变幻，不时会有虚实参半、令人无所适从的消息传来，只要有自主判断、自主决断的能力，就能力挽狂澜，救自己的本金于"乱市"之中，不至于亏得血本无归。绝大多数人在股市中栽跟头的原因就是缺乏自主决断的能力，盲目跟风。

什么是盲目跟风

　　盲目跟风是一种常见的股民心态。

盲目跟风

是指自己没有分析行情，或者对自己的分析没有把握的前提下，盲目跟从他人，投资股票的心理倾向。

为什么不能盲目跟风

　　大部分国人有从众心理，就是别人喜欢买什么，自己也跟着一起买。比如：市场上煎饼摊有好几个，往往只有一家摊前人流拥挤，甚至排队购买，其中很大的原因是这家的煎饼确实好吃，所以大家都来购买，而过往的人看到这么多人都买这家的煎饼，自然也会认为是因为这家的煎饼好吃。这种从众心理是可以有的。但是在股市中从众心理绝对不能有！下面，我们一起看看投资股票不能盲目跟风的原因。

　　股市震荡有许多复杂的因素，但股民的盲目跟风绝对是影响股市震荡的一大原因，而且影响非常大。

　　举个例子，大家看到有人在抛售股市某家公司的股票，也不问他抛售的原因，就赶紧将自己手上的这家公司的股票也抛掉，一旦形成跟风抛售，就会掀起股市波澜，导致市场供求失衡，让供大于求，股市就会一落千丈。

　　觉得某只股票好，蜂拥而至去抢也是同样的道理。就拿典型的2007年和2008年来说。2007年，股市一片大好，屏幕上一片红，如此大好时机，股民的跟风心理自然不会闲着，于是就出现了每天30万新股民入市的浩荡场面。然而呢？到2008年，股市急转直下，曾经涨势最好的领头羊成了暴跌的带头羊，抗跌的成了最先倒的，最后只留下市场的一片狼藉和无数股民的哀号。

这就是盲目跟风造成的影响，投资股票却受别人的意志影响，最终只会迎来亏损的结果。

如何不盲目跟风

想要投资股票，就要树立买卖股票的意识，同时要做到以下几点，才可以避免盲目跟风，有自己独特的判断（见图4-7）。

确立了不盲目跟风的姿态后，还有一点需要大家注意，那就是可能有人学习股神巴菲特，将鸡蛋放在同一个篮子里。对于初入股市的投资小白来说，这样做非常危险。想要选到一支肯定赚钱的股票非常难；想要选到价格被大大低估且风险又小的股票非常难。所以，想要发掘有潜力的股票，必须得经过学习之后，掌握准确的预测能力，才能在不盲目跟风的情况下，形成一套自己的投资股票理论。

01

充分分析股票

买入和抛售都不要着急，充分分析股票及股票背后的公司，了解透彻了再决定是否买入或抛售

02

克服自身的依赖性和惰性

要想靠股市赚钱，就要克服贪图享乐、不思进取的惰性，付出比常人高出百倍的精力去学习、钻研股市的各种政策、知识、技巧，以及与股市相关的经济、金融等知识

03

只投资最懂的行业公司股票

内行看门道，外行看热闹。在自己熟悉的行业里，总能更容易发现一些问题和风险，找到更多机会和可能。投资股票也一样，了解互联网，就多了解与互联网相关的公司股票；了解电商，就多关注与电商相关的公司股票。这样更容易跟上公司的发展趋势，决定买入、持有和卖出的时机

图 4-7 不盲目跟风投资股票的姿态

如何考量 A 股市场上成长性公司

对于新入股市的股民来说，不适合快进快出。盲目投资A股市场，往往会被套。因此，成长性企业就成了新股民的首选。那么，A股市场上的成长性公司是如何考量的？该如何筛选？今天我们就来一起看看。

了解成长股

考量A股市场上的成长性公司，其实就是筛选成长股，下面我们先来看一下大家对成长股的理解。

成长股

可以理解为A股环境中流通市值不断成长的股票。

成长股，关键还要看成长，也就是公司未来成长的空间，有没有从小变大的过程。从概率来看，流通股本越小的公司，成长空间越大。流通市值很大的公司，比如上百亿，不是不成长，只是成长的空间较小。

成长股的筛选指标

股市中有几千只股票，如何从众多的股票中筛选出具有潜力的成长股，还需要大家掌握以下几个指标。

每股收益

每股收益（EPS），表示了每单位资本额的获利能力，也是公司获利能力的最后结果（见图4-8）。

$$每股收益 = 利润 / 总股数$$

图4-8 每股收益的计算公式

每股收益可以反映公司的产品行销、技术、管理等方面的能力。并不是每股收益高就是好的，还要重视每股的股价。如果一家公司的净利润很大，可每股盈利很小，就表明这家公司的业绩被过分稀释了，此时每股价格都不会高。

举例来说：两家公司的利润都是100万元，其中一家每股收益为0.5元，而另一家则为2元，那么，每股收益为0.5元的这家公司的股价肯定低。

因此，每股收益便突出了分摊到每一份股票上的盈利数额，成了股票市场上按市盈率定价的基础。

每股收益是筛选成长股的绝对指标，要看其的增速，每股收益年增长率在30%~40%的公司，而且长期保持这一态势，就是稳定成长的公司，值得关注。

市盈率

市盈率（PE）也是非常重要的指标，可以成为比较不同价格下，股票是不是被高估或被低估的指标（见图4-9）。

市盈率 = 每股市价 / 每股收益

图4-9　市盈率的计算公式

一般来说，若某家公司的股票市盈率过高，则该股票的价值被高估，股票价格有很大泡沫。但同时，市盈率高，又说明了该公司的发展前景光明，优秀的成长股市盈率一般都较高，而投资又是投资未来，此时就要看这只股票适不适合投资了，可以结合市盈率相对盈利增长比率（PEG）来看（见图4-10）。

**市盈率相对盈利增长比率 =
某只股票的预期市盈率 / 未来每股收益增长率的估值**

图 4-10　市盈率相对盈利增长比率计算公式

一般情况下，若市盈率相对盈利增长比率值大于1，说明每股收益增长率达不到预期的市盈率，这种股票吸引力不够；若市盈率相对盈利增长比率值接近1，则可以考虑；若市盈率相对盈利增长比率值远低于1，说明每股增长率高，要加以重视，看是否可以买入。

举个例子：若一家公司的预期市盈率为30%，增长率为40%，那么30%/40%=0.75，这只股票就可以重点考察、分析，看要不要买入；若增长率为10%，那么30%/10%=3，说明这只股票成长性慢。

需要注意的是市盈率相对盈利增长比率指标，包括上面举的例子，只适合成长性公司，对于周期性公司来说，用此指标去衡量是没有意义的。

市盈率相对盈利增长比率指标弥补了市盈率可能遭遇高估值、股价有泡沫的陷阱，若增速快，高估值就会被拉低。

现金流

现金流是一家公司的命脉，可以反映公司的盈利到底是账面上的虚假现象，还是切实真实的收入。现金流正常，且现金流远超过每股收益，这就是一支让人放心的成长股。这点只要看上一报告期，以及连续几个报告期内，每股现金流是不是超过了每股收益就可以了。

利润率

利润率反映的是一家公司在行业内的竞争能力。从利润率上看一家公司具不具备成长性，还要注意以下几点（见图4-11）。

利润率太低，投资风险高，甚至会造成灾难性影响，不过若能上升，也会产生不错的收益

利润率高，会导致竞争加剧，除非有高壁垒，否则很容易吸引其他公司进入。有自己的专利、利润率高、拥有难以被人模仿的独特技术或产品的公司，是最佳考量对象

利润率起伏较大，可能受定期价格战的影响较大，或者属于周期性很强的行业。买入时尽量避免利润率极高的时期

与其他同行业公司的利润率进行横向比较。同时看利润率趋势，若下跌，很可能是失去了竞争力

图4-11 通过利润率看公司是否具有成长性

资本回报率

资本回报率就是公司运用资本赚钱的能力。资本回报率高，说明这只股票非常好，公司的管理能力强。当然，也可能是管理层过分强调应收，这点得自己分析。要是遇到资本回报率高的股票，就更要多加关注了。

以上几个指标都是考量A股市场成长性公司的基本指标，当然，要想选到最佳的公司，还需要自己多加学习，掌握更多的技术知识。

**投资股市，
心态决定了 99%**

　　前面我们提到的盲目跟风就是一种不良的股票投资心态，不仅如此，由市场统计资料分析结果来看，不良股票投资的心态还包括以下几种（见图4-12）。

　　通过上面这些不良的股票投资心态我们就能看出来，若想做好股票投资，必须要有良好的心态。否则，像上面这些一样，意志不坚定、举棋不定、欲望无止境、带着赌博心态等，都有可能将手中的闲置资金赔得一干二净。有些人不服气，将这部分用来投资的钱赔光之后，甚至动用了其他的资金，比如养老金、子女的教育金等，想要将赔掉的再赚回来，结果最后什么都没有了。

　　心态决定了股票投资的成功与否，因为有良好的心态，才能对自己有正确的认识，对市场、对公司、对股票等有深入的、理性的分析，才能明确买哪只股票，什么时候买入，什么时候加仓，什么时候卖出。

上面我们列举了一下不良的股票投资心态，那该具备哪些好心态呢？

意志不坚

原本已定好计划，但意志不坚定，不能坚决执行自己的方案，不是原地踏步，就是跟风，受环境和周围人的影响较大

贪图便宜

低价位买入的股票若有很大的上涨空间，自然最好不过，但若一味贪图低价，很可能会买入垃圾股，甚至被这些股票套牢

欲望无边

无法控制贪欲，股票价格上涨时不能果断抛出，总想着还会再涨，结果错失出手良机；股票跌时迟迟不买入，总盼望价格还能再低，错失入手良机

恐慌

股市中的假消息空穴来风是常事，若不加分析，听到便马上抛售，很可能会造成巨大损失

赌博心态

抱着一夜暴富的心态，没有耐心和判断力，一只股票获利则不断加仓，甚至将身家性命都押上，一旦出现下跌，便产生巨大亏损

怕赔

股票有上涨也有下跌，不要指望大势已去的股票会绝地逢生、触底反弹，这种怕赔本、怕输的心理会导致更大的损失

图 4-12　投资股市的不良心态

相信自己

股市常常风云突变，总会有不少消息被放出来，听到这些消息，不要让它们左右你的判断，其次是相信自己，对消息进行核实，是真是假，并对消息可能会产生的影响加以分析：是暂时的，还是长久的。

控制欲望

股市中流行一句话："多投空投都能赚钱，唯有贪心不能赚钱。"专等股票涨到最高点才出手的行为和心理不可取。第一，谁也无法判断最高点到底在哪里；第二，就算出现也转瞬即逝，难以把握，网速稍慢一点儿可能就会错失"黄金点"；第三，死等这只股票涨，还不如卖掉它赶紧买入一些低价位且成长性好的股票。因此，投资股票时，设置一个上涨和下跌的预期，达到预期马上抛出，不贪多，不冒进。

消除逆反心理

股市中，很多人认为股价越高，上涨速度越快，就越是好股票，于是疯狂追涨，这就是股民的逆反心理。但此时主力可能已经将筹码吸纳得很充分了，就准备派发了，此时不断在拉高。还有越跌越买的，也属于逆反心理，结果买得越多，被套得越多。因此，要在股市中消除逆反心理，就要理性地选择买入、卖出的时点。

反群众心理操作

很多股民都在"抢涨杀跌"，这是一种投机的狂热缺乏理性的研究、判断能力。若想在股市中站住脚，就要了解群众的一般心理，然后进行与一般群众的反向操作。说到底还是不盲目跟风，要有自己正确的判断。从投资顾问方面、共同基金现金持有比率、融资余额的趋势与额度、证券公司人气是否畅旺等方面就能了解到群众的一般心理。

总之，在投资股市时，要保持沉着冷静，赚而不喜、亏而不忧的正确心态，不管是赚了还是赔了，都要马上总结经验、教训，必要时复盘整个操作过程，及时找到自己的错点。

如何玩转分级基金 A

在生钱的账户中，还可以考虑基金，这里就为大家说说分级基金。

了解分级基金

通俗来讲，分级基金可以这样理解。

分级基金

将A份额和B份额的资产作为一个整体投资，B份额的持有人每年向A份额的持有人支付约定利息，而B份额持有人承担支付利息后的总体投资盈亏。

举个例子：A有1块钱，B有1块钱，B和A约定一定的利息（收益率），由B给A，A则按约定好的利息把钱借给B。B拿着2块钱去投资股票，投资股票时，不管是赚了，还是亏了，都跟A没关系，B只要按约定每年给A付利息就行。当然，如果B投资股票时，亏损到了一定程度，会启动保护A的1块钱本金及相应利息的措施，确保他们不受损失。这点后面我们将具体讲解。

A基和B基的整体为母基金，母基金扣除A基的本金和应计收益后，其他的所有剩余资产都归入B基，盈亏有B基持有人承担。当母基金整体净值上升时，在提供A基收益后，B基的净值增值更快；反之，当母基金整体净值下跌是，B基的净值也先下跌。我们通过下表来看一下A基和B基在收益分配上的区别（见表4-1）。

表4-1　A 基金和 B 基金的收益分配

A基金（约定收益份额）	B基金（杠杆份额）
稳健收益类。舍弃高收益，但能优先获得稳定收益	舍弃稳定收益，但能获取高杠杆收益

也就是说，A基属于保本保收益低风险理财产品，而B基有杠杆特点，风险和收益都被放大了，属于高风险理财产品。在这里我们要为大家重点说说分级基金A的投资方法。

玩转分级A方法

想要玩转分级A，就要了解分级A的主要获利模式，可见图4-13。

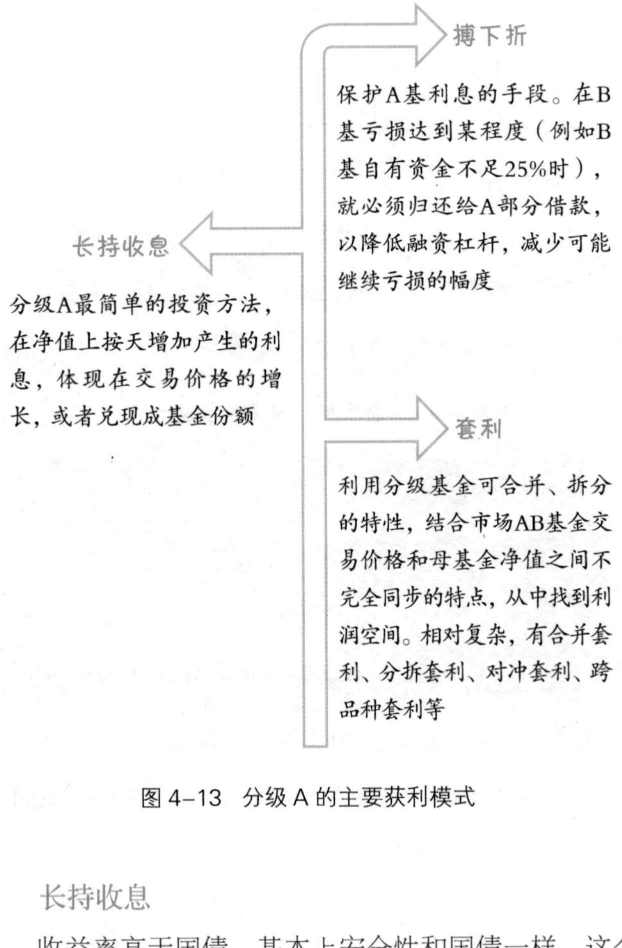

搏下折

保护A基利息的手段。在B基亏损达到某程度（例如B基自有资金不足25%时），就必须归还给A部分借款，以降低融资杠杆，减少可能继续亏损的幅度

长持收息

分级A最简单的投资方法，在净值上按天增加产生的利息，体现在交易价格的增长，或者兑现成基金份额

套利

利用分级基金可合并、拆分的特性，结合市场AB基金交易价格和母基金净值之间不完全同步的特点，从中找到利润空间。相对复杂，有合并套利、分拆套利、对冲套利、跨品种套利等

图 4-13　分级 A 的主要获利模式

长持收息

收益率高于国债，基本上安全性和国债一样，这个特性让分级A有了托底的价值底线。A基价格主要受市场无风险利率波动影响，市场无风险利率升高，A基价格

下降；相应的，市场无风险利率下降，A基价格上涨。目前，A基只有很少一部分采用约定固定收益的定价模式，比如5%、6%等，大部分还是采用一年定存利率+x%的模式。

对这种模式期望值不要太高，年收益在10%左右。而且在采用长持收息模式持有分级A时，还需要注意以下几点（见图4-14）。

图 4-14 采用长持收息模式的注意事项

搏下折

分级A真正吸引人的，还是下折收益。搏下折，就是要选折价大的、发生下折概率高的产品。所以就得买打折的A基，不能买溢价A。什么是溢价A呢？比如市场平均收益率为5.5%，而约定收益率为7%，那么价格就是7%/5.5%=1.273元。折价率可以从A基价格上看出，也可以从网上找一下折价率排列。那该参考多高的折价率呢？可见图4-15。

折价率超过 20% 的，最值得考虑；

折价率介于 20%~15% 时，也相对稳妥；

小于 15% 的，就有太多博弈成分了

图 4-15　折价率参考

　　那怎么找到折价大、发生下折概率高的产品呢？即搏下折的方法有哪些呢？可以参考以下流程方法（见图 4-16）。

1.选择触发下折母基需要幅度最小的部分A基，纳入自选

2.仅看自选部分，将折价率最小部分的部分删掉

3.将短期内很难大跌的品种删掉，留下一些概念股、题材股或前期遭遇爆炒的股

4.以任意一只为标准，删掉"下折母基需跌"相近而折价更小的，或者折价相近但"下折母基需跌"更多的品种

5.留下足够自己购买的优选品种，次日按照计划买入，每天晚上重复这个过程，次日进行更替

图 4-16　搏下折的流程方法

套利

在了解套利之前，首先要了解申购、分拆、合并、赎回的流程。以深圳分级基金为例（见图4-17）。

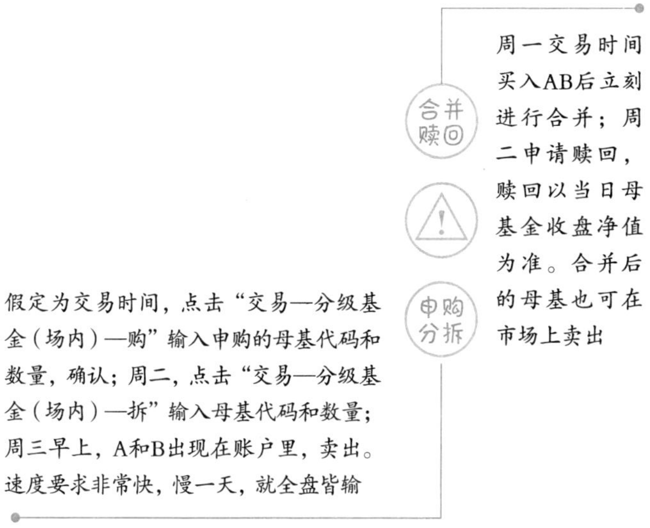

假定为交易时间，点击"交易—分级基金（场内）—购"输入申购的母基代码和数量，确认；周二，点击"交易—分级基金（场内）—拆"输入母基代码和数量；周三早上，A和B出现在账户里，卖出。速度要求非常快，慢一天，就全盘皆输

合并赎回

申购分拆

周一交易时间买入AB后立刻进行合并；周二申请赎回，赎回以当日母基金收盘净值为准。合并后的母基也可在市场上卖出

图 4-17 申购分拆、合并赎回流程。

了解申购分拆、合并赎回，接下来就该考虑如何套利了。

最基础的套利有折价套利和溢价套利两种（见图4-18）。

想要折价套利，需要第一天买入合并，第二天申请赎回，而且赎回时按第二天收盘的净值结算。如果第二买入AB合并，然后赎回。要考虑AB买入价格与2倍母基净值之间有多大差距，即负溢价多少，"−"后的数值越大，套利空间越大，例如−7比−5套利空间大

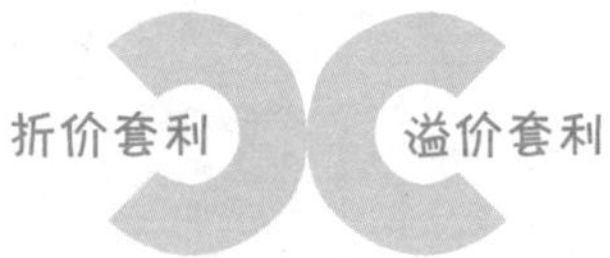

AB价格合计超过母基金净值一定比例（例如9%），投资者通过申购母基金、次日分拆、第三日抛出的方法获取溢价差异

图4-18 折价套利和溢价套利

天母基金净值下跌，且幅度超过了套利空间，不但不能套利，还可能会被套。解决被套的方法可以考虑空仓母基和对冲。

母基金空仓，无论第二天股市是涨是跌，都对套利起不到影响，这也是套利者的最爱。如果不是空仓，则看一下仓位的高低，仓位越低，安全性越高，也可以在网上查一下仓位估值。

比较常见的对冲有相同或相似指数ETF融券对冲、相同或相似指数的期货对冲、超比例的相同A类基对冲。这些很复杂，在此不赘述。

溢价套利也要承担至少一天的AB价格变动风险，其

不可控因素更多，一旦出现溢价套利机会，套利者是不会错过的，一定会不计价格委托跌停板，以确保优先成交。

　　鉴于套利的复杂性，还是建议大家多在长持收息和搏下折里下功夫，若觉得完全可以玩转套利，再操作也不迟。

选择指数基金的方法

　　巴菲特曾说过：大部分的投资者，包括机构投资者和个人投资者，早晚会发现最好的投资股票方法是购买管理费很低的指数基金。不但他是这么说的，而且也是这么做的。今天，我们就一起了解下巴菲特力挺的指数基金到底是什么？如何才能选择一支靠谱的指数基金。

什么是指数基金

　　怎么理解指数基金，我们来看下它的定义。

指数基金

以特定指数为标的指数，并以该指数的成分股为投资对象，通过购买该指数的全部或部分成分股构建投资组合，以追踪标的指数表现的基金产品。

　　特定指数，指的是沪深300指数、标普500指数、纳斯达克100指数、日经225指数等。一般来说，指数基金的目的是减小跟踪误差，让投资组合的变动趋势与标的指数相一致，以取得与标的指数大致相同的收益率。

选对指数

指数基金其核心是跟踪指数。所以，在挑选指数基金时，最应关注的就是基金跟踪的指数，一个指数的好坏直接关系着指数基金的业绩和我们的投资收益。所以，在挑选指数基金的时候，选到一个优质的指数就变得非常关键。

市场上有很多指数基金，比如宽基指数、行业指数、策略指数、主题指数等，再加上市场上有中证红利、上证红利、深证红利、标普红利都采用红利策略。这么多的指数，怎么才能选出一支优质指数呢？这里我们就以市场中国联安基金，中证红利、上证红利、深证红利、标普红利的表现为例，为大家提供几种选择指数的方法。

看样本空间

想要选到优质指数，首先要比较一下样本空间（见图4-19）。

从图中能看出来，中证红利和标普红利不是单市场选

中证红利和标普红利都有100只成分股，且从沪深A股市场筛选成分股

上证红利和深证红利只有50只成分股，且只在上证或深证市场选取样本股

图4-19　各指数的样本空间

股，而是跨市场选股，且成分股是上证红利和深证红利的两倍。因此，选样空间更广泛，优势更为突出，市场代表性也更强，相对更容易选出优质个股（见图4-20）。

01　标普红利筛选样本时，不仅考虑股息率、市值和流动性，也考察盈利能力

02　上证红利和中证红利都以股息率、市值和流动性三个因素筛选样本，然后按股息大小进行排序，选出最终的成分股

03　深证红利以利息和流动性两个因素选样本，然后流动性和股息以1:1权重进行排序，选取成分股

图4-20　各指数筛选样本方法

看筛选样本方法

选择优质指数还要看各指数筛选样本的方法。从以上

图中能看出，标普红利相对于其他三个红利指数，筛选样本的标准更严格、全面，在考虑到股息率、规模，以及流动性的同时，还考虑到个股的成长性（见图4-21）。

中证红利和上证
红利：6月份调整
成分股

深证红利：12月
份调整成分股

标普红利：6月份和12月
份都会调整成分股

图 4-21　各指数的成分股调整周期

看成分股调整周期

除了样本空间、筛选样本方法，选择优质指数还要看各指数成分股的调整周期。而从上图能够看出，标普红利调整成分股的次数要多于其他三个指数，这样更利于成分股的更新，不景气的成分股能尽早被剔除，换入前景更好的成长股，让指数的长盛不衰得到保证。

看行业权重分布

成分股的行业和个股市值分布越均衡，风险就越分散，受市场影响就越小，而看成分股的分布，还要看行业权重的分布（见图4-22）。

1　上证红利前三大权重行业占比70%，第一权重金融地产占比35%

2　中证红利前三大权重行业占比66%，第一权重金融地产占比28%

3　深证红利前三大权重行业占比83%，第一权重可选消费占比37%

4　标普红利前三大权重行业占比54%，第一权重可选消费占比21%

图4-22　各指数成分股行业权重分析

由以上对各指数成分股行业权重分析能看出，相比其他三大指数，标普红利前三大权重占比及第一权重占

上证红利以大盘股为主，500亿市值以上的各股数量占比达58%，100亿以下的小市值各股占比为0

深证红利200亿~500亿市值的各股数量占比50%，以中盘股为主

中证红利与上证红利相近，都以大盘股为主

标普A股红利各市值区间的各股数量占比都在20%以上，大中小盘的占比非常均衡

图4-23　各指数个股市值分析

比都是最低的，各行业占比也更均衡，这就有效分散了风险。之所以能有如此分布，还在于标普红利对行业的权重有上限规定为33%，个股的权重上限规定为3%，这样就不会有某一行业或某一股权重占比过高的情况出现（见图4-23）。

看个股市值

通过对比分析各红利指数成分股个股市值，我们能发现，相较其他三大红利指数，标普红利指数均衡的占比，弱化了A股市场"二八现象"对红利指数的影响。

看指数历史收益

通过以往多年的分析，标普红利指数历史业绩最佳，比其他三大红利指数收益都高。

因此，经过综合分析，标普红利指数是最佳选择。

选择基金

选对指数后，我们还得选择合适的跟踪基金。下面就来看看有哪些选择基金的方法。

建立基金档案

通过基金合同、定期报告、第三方销售渠道，可以轻易获得基金的档案，然后对这些档案进行细致分析，留下最理想的一份。

比较各项费用，选成本最低的

基金的费用产生主要有两类（见图4-24）。

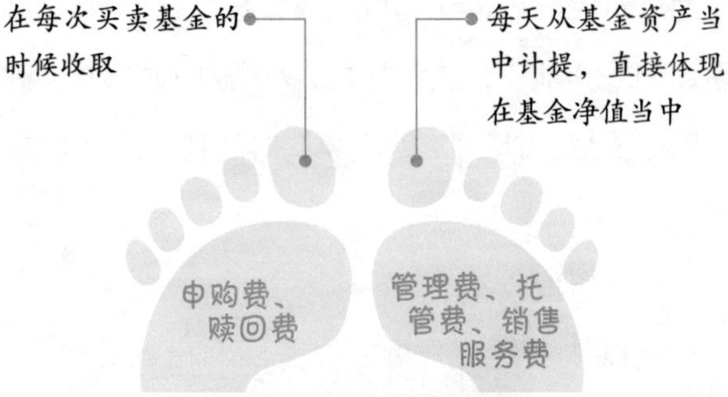

在每次买卖基金的时候收取

每天从基金资产当中计提，直接体现在基金净值当中

申购费、赎回费

管理费、托管费、销售服务费

图 4-24　基金的费用种类

从长期看，申购费、赎回费每次只收取一次，但管理费、托管费、销售服务费每天都收取。因此，选基金时，还要比较各项费用，选取管理费、托管费、销售服务费最低的一款。

分析跟踪误差

分析跟踪误差主要通过以下三方面的因素（见图
4-25）。

1 指数调整成分股

2 投资者申购赎回操作

3 指数基金经理人的管理

图 4-25 影响跟踪误差的三因素

指数基金的投资组合是标的指数成分股，目的是尽可
能地复制指数走势。因此，跟踪误差越小，指数基金的运
作越精确，指数基金就越好。通过上图我们能看出影响跟
踪误差的三个因素，只要对这三个因素加以分析，就能体
现出基金公司，以及基金经理人的指数基金管理能力。

成熟的、优秀的投资人都有一套自己独特的投资、选
指数基金的方法，以上方法仅供参考，不一定适合所有市
场、所有人，大家还需要在指数基金投资中不断学习。

基金定投
收益最大化的窍门

对于初入基金行业的投资小白来说，基金定投是一个不错的选择。

基金定投的概念

何为基金定投，下面我们来了解一下。

基金定投

是指在固定时间（如每月5日）以固定的金额（如300元）投资到指定的开放式基金中，与银行零存整取的方式类似。

在震荡的股市中，投资者的热情减退，很多人转投定投基金，还在于定投基金本身具备的一些特点（见图4-26）。

虽然定投基金有如图这些特点，但是一部分投资者缺乏投资技巧和策略，导致投资收益起起落落，甚至从

相对分散投资风险

平滑基金波动

红利自动再投资

投资成本、投资技术门槛、投资金额要求都低

易于管理

图 4-26 基金定投的特点

盈利转向亏损。那到底如何让基金定投收益最大化呢？
不妨参考以下一些方法。

确定最合适的定投产品

想要确定最为合适的定投产品，就要做好投资计划、定投品种、定投期限三方面的准备。

投资计划

基金定投属于长期投资，追求短期业绩，不但无法赚取收益，甚至还要付出不少的申购、赎回费用。因此，在准备做基金定投投资时，首先要制订一个长期投资计划和资产组合，确立投资目标和方向。

定投品种

债券型基金和货币市场基金的收益一般较稳定，不会出现多大波动，做基金定投没有意义。而股票型基金长期收益相对较高、波动较大，因此更适合基金定投，尤其是指数基金，可以让基金定投的平均成本、控制风险功能发挥出来。

定投期限

基金定投的周期最好是一个股市运行的周期，或者经历一个熊市和牛市的转换，与一个经济周期时间也基本一致。比如一个较长的周期，如10年以上，从目前的业绩来看，完全可以获取稳定的收益，没有风险，还能战胜通货膨胀。

基金定投虽然叫定投，却并不是投完就完全不用搭理了，还要根据市场形势、基金表现、自身投资需求等进行不定期调整，才能让收益最大化。下面就来看看如何调整。

基金定投的不定期调整

基金定投不定期调整的目的是（见图4-27）。

审核定投组合的业绩表现，结合经济周期和自身财务状况，剔除变现较差及不再匹配的基金，动态调整定投品种并适时调整资产配置

图 4-27　基金定投不定期调整的目的

了解了不定期调整目的，那到底该怎么调整呢?

以经济运行周期为依据进行调整

基金专家将投资阶段分为了以下4个阶段（见图4-28）。

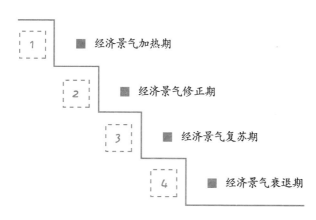

1　■ 经济景气加热期

2　■ 经济景气修正期

3　■ 经济景气复苏期

4　■ 经济景气衰退期

图 4-28　投资的 4 个阶段

投资者可以在经济景气加热期和经济景气修正期按常规定投，而且经济景气复苏期和经济景气衰退期时加大定投力度。记住：逢高少买，逢低加码。

不定期检视基金产品

定投后，还要关注基金的投资风格及基金经理的变化，再结合市场环境调整基金，转换产品。

避免集中投资

可以定投不同类型的基金，目前的基金有股票型基金、混合型、债券型、平衡型基金等投资品种，不同产品属性，就有不同的收益率和风险。因此，可以组合定投几种风险、收益不同的基金产品。

做好了以上两步，还不能完全让基金定投收益最大化，在定投基金中流传着一句话："定投止损不可取，定投止盈不可缺。"这是非常实用的一句话，因为想要达到基金定投收益最大化，就要在盈利达到预期目标时及时止盈。那到底该如何止盈呢？接下来就看一看。

止盈

止盈有其具体的止盈策略。下面我们就来具体了解一下。

设置盈利点

就是达到盈利点就止盈，若亏损或还没有达到止盈点，就继续坚持定投。不过如何设置止盈点，这是首先要考虑的问题。而以下三方面因素就决定了止盈点的设定（见图4-29）。

01 在股市相对低点定投，止盈点可设置高一点，比如15%~20%；若股市相对高点定投，止盈点设置低一点，比如10%

02 定投金额越高，止盈点设置越要低；金额越低，止盈点设置越要高。比如每月定投10000元，止盈点设定为10%就有不错的收益了；但若每月定投100元，即便止盈点设定为20%，也没有几块钱

03 波动越大，止盈点要设置得越高，反之，则低。比如波动幅度大的主题基金，止盈点就可设定在15%~20%；指数基金，波动相对小，止盈点可设定得低一点

图4-29 决定止盈点设定的3个因素

止盈点设置低了，容易达到，过程会轻松愉快，但收益小；止盈点设置得高，很可能要经历很长时间，期间还会有亏损出现，此时除了对市场、基金品种等进行分析、调整以外，关键还是要坚持，等到其盈利且达到满意的止盈点为止。

其次，还要看当收益达到止盈点后的赎回方式，是全部赎回，还是部分赎回，还要根据市场情况而定。如果未来一段时间股市有上涨可能，就可以选择部分赎回。

采用盈利收益率法估值止盈

还可以采用格雷厄姆的估值策略——盈利收益率法进行估值定投，设置止盈点。

格雷厄姆的盈利收益率法估值策略方法非常简单，也容易理解，就是在股市下跌，基金定投亏损，低估值时买入，以正常估值持有，待到达到高估值时卖出。指数估值表可以自己制作，也可以参考网上一些权威平台发布的指数估值判断。

在按照估值法止盈时，止盈策略不一样。达到高估值红线后，可以选择全部赎回，再定投其他低估值品种。但如果是股市后劲还很足，此时就可以不用全部赎回，而是按三条止盈线分别止盈，分批赎回。比如达到高估值红线后，先止盈50%；超过高估值红线10%，止盈30%；超过高估值红线20%，止盈20%。

牛市止盈法

就是根据市场趋势，在低迷时买入，开始上涨、涨幅不大时，保持稳定投资，待到涨幅已经很高，且很多人都开始青睐这支基金时，果断卖掉。此种方法更适合经验丰富、对市场判断准确的基金定投者，不适合初入门者。

基金定投虽然简单，但也有很多门道和投资策略在里面，大家还应在平时多学习，并在实践中总结经验，以求收益最大化。

人无股权不富，在股市动荡的情况下，股权投资成了人们的新宠。不过，富爸爸想要投资股权，首先得了解股权，知道什么是股票众筹、什么是股权投资的最有前途领域、如何投资私募股权等。本章就带富爸爸认识股权投资，告诉你怎么投对股权，投对了，你就是资本高手！

PART 05

投对股权，
富爸爸就是资本高手

如何鉴别股权众筹"爆品"

相信大家都对众筹不陌生，无论是实物众筹，还是股权众筹，如今都发展得如火如荼。"人无股权不富"，虽然这是很多平台为了营销喊出的口号，但也反映了当下的投资理财理念，股权众筹已经如雨后春笋般兴起，诸如众筹咖啡馆、众筹天使投资等。那到底什么是股权众筹，又该如何从众多的股权众筹中找到"爆品"？今天，我们就来具体说说。

什么是股权众筹

下面我们来看一下，如何理解股权众筹的概念。

股权众筹的参与门槛低，无疑又丰富了普通投资者的投资渠道。然而，涉及的股权众筹属于专业领域，在专业度上普通投资者就得有所准备，毕竟股权众筹平台很多，有领投模式、平台对接模式、投资管理型模

股权众筹

通过互联网渠道，公司面向普通投资者出让一定
比例的股份，投资者出资入股公司，获得未来收
益。这种融资模式称为股权众筹，也被称为私募
股权互联网化。

式等。每家平台的运营机制、投融资流程、项目选择标
准、融资费用比例、投资后的管理机制等各不相同，因
此在众多的股权众筹平台中就要学会甄选"爆品"。

如何鉴别股权众筹"爆品"

股权众筹平台众多，其中不乏一些操作不规范的平
台，这就增加了投资者的投资风险。在规范性法律法规
出台前，只有从众多股权众筹中找出"爆品"，即找对
股权众筹，找到最靠谱的股权众筹，这样才能在规避风
险的同时，获取相应的收益。那么如何找到呢？下面几
点可供大家借鉴。

看平台

众筹平台起的是融资中介的作用，且以融资成功为
目的。为了成功拿到中介费用，平台难免会帮项目方美

化项目、夸大项目优势，不暴露项目弊端，这就给投资者的投资埋下了隐患。所以，投资者要选的众筹平台一定是不收中介费、会与企业共成长、分享投后收益的众筹平台（见图5-1）。

投后收益
按一定比例分配给投资人超额收益

图 5-1 投后收益的理解

用2011年成立的天使汇为例，他们会收取两部分佣金，一部分是向项目方收取的财务顾问费用，为融资额的5%；一部分是向投资者收取的费用，是投资收益的5%。也就是说，如果这个项目投资要100万元，那么天使汇会向这个项目方收取5万元的财务顾问费；若在这个项目中，投资者获得了1万元的收益，那天使汇就会收取投资者500元的费用。

这种收取投后收益的众筹平台，规避了项目经理的道德风险，将平台与投资者、项目方绑在一起。项目盈利，投资人赚到了收益，众筹平台才能盈利。这时，就需要平台为项目方提供更多的服务，比如人才的培养、融资方案的设计等。

看项目

项目是投资股权众筹的核心点，主要针对创业内容、创业方向、创业时机等进行分析，看项目值不值得投。具体要分析以下几个方面（见图5-2）。

图 5-2　项目分析的几个具体方面

在分析项目时，还要将政策考虑进去，看政策是鼓励还是禁止。一般来说，项目属于刚需，目标受众也比较集中且规模比较大，市场上不存在同类竞争，或者项目自身的竞争力强，具有自己的独特优势，不易被替代，这样的项目只要管理经营有方，发展会非常迅速。

看团队

有好平台、好项目，关键还要靠人执行落实，因此选靠谱的股权众筹爆品，还得看创业团队。具体来说，要看以下几点（见图5-3）。

1. 创业者的背景

2. 创业者的行业经验

3. 创业者有过哪些成功的创业案例

图 5-3　看创业团队的3个具体方面

创业者的实力、背景、经验等，对股权众筹来讲非常重要。举个例子：目前P2P网贷平台红红火火，但之前仅做过饮料销售。在金融、互联网、法务等方面都欠缺的人，选择创业做P2P，成功的概率并不大。

看机构

机构指的是领投人。目前，股权众筹多采取"领投+跟投"的模式，具体如下所述（见图5-4）。

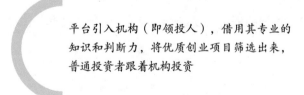

平台引入机构（即领投人），借用其专业的知识和判断力，将优质创业项目筛选出来，普通投资者跟着机构投资

图 5-4　"领投＋跟投"模式具体解析

并不是有专业的机构领投，投资人就万事大吉，等着拿收益了，还要自己多学习、分析，有自己理性的判断，不可盲目跟从别人，毕竟即便是专业的机构，投资失败的案例也比比皆是。

投后管理

投资前要了解平台方的信誉及服务，领投人的投后跟进及服务，同样是攸关项目能否成功的关键。比如投资人的权益保障包括什么，退出方式如何等。权益保障，比如投资人的权利、股东地位、签署的法律文件的有效完整性等，以及投资资金的监管等，这些都要提前了解清楚。

股权投资
最有前途的领域

　　过去，大家可能依靠房地产赚钱，依靠传统企业积累财富。如今，房地产几近饱和，传统企业赚钱越来越难；曾经靠胆识、靠关系、靠卖苦力赚钱的时代已经不复存在，专业知识、经验已经成了如今赚钱不可缺少的因素。想要投资，想要赚钱，想要成为未来最大的赢家，就要特别关注股权投资。

什么是股权投资

　　我们先来了解一下股权投资的概念。

股权投资

为参与或控制某一公司的经营活动而投资购买其股权的行为。

　　股权投资的动因主要是获取收益、获取资产控制权、参与投资公司的经营决策、调整资产结构、增加可流动资产、投机以获取买卖价格的差额。其实，股权投资就是通过投资，一同分享公司经营者的智慧和成果，踩在巨人的肩膀上和巨人一同成长。

投资股权的优势

投资股权的原因，还要看股权投资的优势。

股权投资是价值投资

价值投资就是对长期一级市场的投资，这是相对股市等二级市场来说的。很多人投资股票是做波段，就是10块钱买入，20块钱卖出；20块钱买入，30块钱卖出。这种短期持有的，即便能赚取收益，收益也不会太高，若选对了股权作为长期投资，就可能赚到比投入高出十倍、百倍甚至更高的收益。

阿里巴巴就是一个股权投资让成千上万人赚得盆满钵满的典型企业。2014年9月21日，阿里巴巴上市，确定发行价为每股68美元，首日股价就大幅上涨38.07%，收于93.89美元。如今股价102.94美元，股本仅为25.13亿美元，市值达到了2586.90亿美元，收益率达百倍以上。相当于当年上市前1元原始股，现在变成161422元。

由此就能看到股权投资的高收益，是每个希望改善生存环境、实现财务自由之人的投资首选。

股权投资空间广阔

中国目前有5000多万家中小企业，同时每年还以近千万个速度增加的新增企业，这就给股权投资提供了广阔的选择空间。

股权投资具备天然成本优势

不同公司上市需要投入大量成本，股票交易也需要支付极高的成本，股权的本质是原始股，没有任何包装，不做任何股份切割，没有公开交易、边际定价，所以成本非常低。

股权投资最有前途的领域

股权投资再怎么能获取超高的收益，也得会选择才行，这里就提供几个股权投资最有前途的领域供大家借鉴。

TMT产业

TMT（Technology，Media，Telecom），未来（互联网）科技、电信，包括信息技术，共同构成了TMT产业。未来10~20年，甚至更远的时间，TMT产业都是股权投资的热点。主要有以下几个方面的原因（见图5-5）。

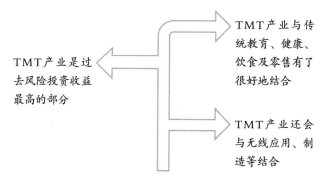

图 5-5 TMT 产业成为股权投资的热点原因分析

医疗健康

医疗健康被公认是跨周期产业，中国的人均医疗费用并不高，根据国家计划，到2030年，医疗健康产业要达到16万亿元规模，而据统计数据显示，2018年的医疗健康产业规模达到了7.1万亿元。也就是说，在未来10年的时间里，医疗健康产业有近9万亿元的增长空间。

环保

沙尘天气、雾霾天气给大家带来的痛苦影响已经很多了，因此环保产业一直会是股权投资的热点。

新型消费

如今的新型消费与传统消费有很大的差异。举个例子：以往吃水果，可能商家就是卖水果；喝果汁，也是商家卖果汁，但这种果汁可能不是纯天然的。可如今通过先进的技术，却能将新鲜的水果，在不影响营养的前提下，制成纯天然的果汁，既营养健康，又便捷，受到很多消费者的喜爱。因此，新型消费领域也是股权投资的热点。

需要注意的是，股权投资的期限一般在1~3年，甚至有些长达10年。因此，在做股权投资时，一定要了解参与股权投资的投资期限，不要影响了资金的流动性。

私募股权的 7步投资流程

在我国发展的10多年来，私募股权投资已经日渐成熟。回顾过去的一年，创投圈问题不断：募资难、投资难、退出难等，而利好政策也不断出台，让私募股权投资显得更为重要。2019年，资本市场环境逐渐改善，政策利好成效也初见端倪，私募股权投资无疑将迎来重大机遇。因此，在投资中，不管多关注一下私募股权。

什么是私募股权

到底私募股权是什么呢？下面我们来了解一下。

私募股权

通过私募形式投资于非上市股权，即私有企业，或者上市公司非公开交易股权的一种投资方式。交易过程中附带退出机制，通过上市、并购、管理层回购等出售所持股而获取收益。

私募股权投资面临着利好的重大机遇，但是若想投资还需先了解它的7步流程。下面就来具体看看是哪7步流程。

私募股权的7步投资流程

私募股权投资主要有7步流程（见图5-6）。

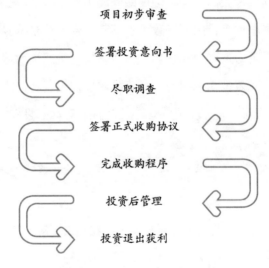

项目初步审查

签署投资意向书

尽职调查

签署正式收购协议

完成收购程序

投资后管理

投资退出获利

图5-6 私募股权的7步投资流程

项目初步审查

项目初步审查由书面初审和现场初审两个环节组成（见图5-7）。

书面
初审　有分析师或投资经理审阅商业计划书、融资计划书，进行初步筛选，将不合适的项目过滤掉，剩下有希望的项目进一步做评估

现场
初审　若书面初审认为符合基金投资项目范围，接着到企业现场调研企业现实生产经营、运作等情况，以印证企业提供的信息，对被投资企业的管理、经营状况能形成一定了解

图 5-7　项目初步审查内容

　　书面初审环节过后，相关人员会对比较符合的项目做进一步的评估，评估的内容主要有以下几个方面（见图5-8）。

企业和企业主，或者核心管理层的工作经历，在项目方面是否有丰富的经验和资源

主要客户群或潜在客户群，以及营销策略

项目面临的市场风险、原材料供应风险等

项目的概况，包括相关批文、产品定位、资金投入、生产计划等，重点项目的独创性和优势

图 5-8　项目经过书面初审后的再评估

签署投资意向书

投资意向书是表达投资意向和合作条件的备忘录，

主要包含以下几个方面的投资核心商业条款内容（见图5-9）。

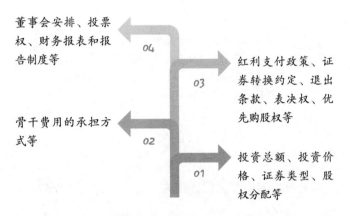

董事会安排、投票权、财务报表和报告制度等

红利支付政策、证券转换约定、退出条款、表决权、优先购股权等

骨干费用的承担方式等

投资总额、投资价格、证券类型、股权分配等

图 5-9　投资意向书包含的投资核心商业条款内容

尽职调查

尽职调查是项目初步审查的深入，也是整个投资流程的重中之重。其是对目标项目企业一切与投资有关的事项进行现场调查、资料分析，主要包括以下几个方面的调查（见图5-10）。

图5-10展示的几个方面是一般企业的尽职调查，如果属于能源化工等行业的企业，还需要进行环保尽职调查。

通过法律调查，可以了解目标企业是否存在法律风险。在调查时，以下几方面都要重点调查（见图5-11）。

富爸爸的家庭理财手册

1 法律调查

2 财务调查

3 业务调查

4 人事调查

图 5-10　尽职调查的 4 个方面

 1.企业章程及修正案的各项条款，企业的组织形式、股东是否合法，股东会及董事会会议记录

 2.企业财产及其所有权归属，对外投资及担保，租赁资产合同条款，一切债务关系

 3.企业对外签署的所有合同，包括知识产权的处理、借贷、技术、租赁等，都要调查

 4.企业与员工的劳动合同及薪酬待遇等

 5.企业涉及诉讼，不限于如今，过往、未来可能会涉及的，都要调查

图 5-11　法律调查的 5 个方面

在调查企业的章程及章程修正案的各项条款时，还要特别注意关注以下几点（见图5-12）。

增资、合并或资产出售等重要决定，需多少比例以上的股东同意

有没有影响投资方的规定存在

如有特别投票权，对其的规定和限制有哪些

图5-12　调查企业各项条款的重点关注点

通过财务调查，可以充分了解与投资有关的所有财务信息。比如企业的资产、负债、盈利能力、现金流等信息，同时还能判断该企业是否符合投资要求。财务调查主要包括以下几个方面（见图5-13）。

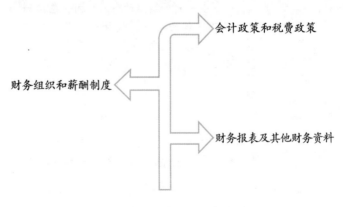

会计政策和税费政策

财务组织和薪酬制度

财务报表及其他财务资料

图5-13　财务调查的主要方面

富爸爸的家庭理财手册

在调查财务报表时，要关注报表的真实性，看其中的数据是否与商业计划书一致。

经过业务调查，可以对目标企业的产品、服务、技术和市场风险等有更深层次的认识，也能了解企业的客户、合作伙伴、竞争优势及营销策略等。但因为这一环节涉及的调查内容很多，所以一般要委托外面的市场调查公司，以及分析师、技术专家等调查。

人事调查包括管理层人员、职工的构成及水平等。

签署正式的收购协议

正式的收购协议具有法律效力，其中包括商业条款及复杂的法律条款。这一过程还需要律师的参与。在正式的收购协议中，必须要反映基金的投资策略，包括进入策略、退出策略等。

完成收购过程

履行企业章程规定的内部程序，比如董事会决议、新公司章程、公司更名等事项，同时要完成工商变更登记手续。

投资后的管理

投资后，要定期对企业的财务数据等进行审查，还可以给企业提供一些后期融资、高管人员推荐等增值服务。需要注意的是投资后，一般不参与企业的实际经营管理，但享有参与管理的一些基本权利。

投资退出获利

通过上市、并购、股权回购、清算等手段退出，获取收益。

考量融资公司的 6 种方法

　　在做投资之前，无论是天使投资人，还是投资机构，又或是普通投资者，都会对被投资的融资公司做一个考量，以确定融资公司的发展前景及可能会存在的一些潜在风险。那么，有哪些方法可以用来考量融资公司呢？这里就为大家具体介绍6种方法（见图5-14）。

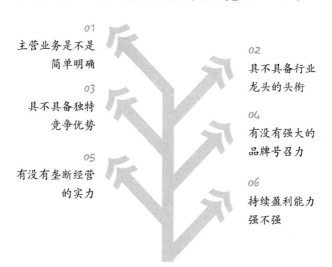

图 5-14　考量融资公司的 6 种方法

如今，很多上市公司都热衷于炒概念、蹭热点，主营业务不明确。用多伦股份举例，本身几乎没有P2P业务，却将自己炒成P2P，这其中就有明显的泡沫成分在里面。所以，在考量融资公司值不值得投资时，看公司的主营业务是不是清晰简单而明确就是其中之一的参考方面。

　　一家公司拥有别人难以复制的独特技术或能够独享某一领域的资源，这在市场竞争中就占据了绝对的优势地位。就以华为来说，他们拥有自己的核心技术，能够带领5G走向世界，这就是有资本潜力的。总之，有独特技术的、有独特配方的、有强大技术壁垒的，都是具有强竞争力的企业。

　　若在某个行业领域中具有垄断地位，那这家公司在这个行业中的利润就是不限量的。就用中国电信运营商举例，偌大的中国，只有三家。电信、移动和联通（中国广电也申请加入了经营互联网国内数据传送，以及国内通信设施服务业务），在多年经营过程中，其所获的利润不必多说。

　　若公司具有行业龙头老大的身份，其所占市场份额一定是行业中数一数二的，这样的公司，就算自身没有核心技术，没有独特的配方，没有强大的技术壁垒，但就是拥有市场份额，一样能雄踞天下。

在这个人们越来越强调生活品质的时代，品牌效应对于产品来说尤为重要，能不能产生强大的品牌号召力。而这种效应来自消费者的口口相传，是优秀口碑的积淀。比如格力空调、海尔冰箱等。

具不具备持续盈利的能力，对于投资者来说非常重要。投资目的就是为了赚钱，但不能只看到眼前能赚钱，后期的发展不明朗；又或者公司经营管理上存在很大问题等，都会影响持续盈利的能力。

当代，大多数公司创业都离不开融资，投资者还要用自己独特的视角去考量这些公司。

国内较有影响力的融资平台

　　各地方政府组建的各种不同类型的投融资公司构成了融资平台。那么，在诸多的融资平台中，国内比较有影响力的融资平台又有哪些呢？这里就为大家介绍几个。

投融界

　　之所以要介绍投融界，首先还要看一下投融界的特点（见图5-15）。

拥有海量投融资信息数据

安全认证严格

经验丰富

配套服务完善

可满足各方所需

图 5-15　投融界的特点

富爸爸的家庭理财手册

投融界的前身是浙江省浙商投资研究会，拥有24年项目对接经验，目前拥有项目方310多万家，拥有资金方35万多家，总持有资金超过8万亿元，举办投融资活动700多场。投融界打造的是专业的融资信息服务平台，拥有海量投融资信息数据库。资源整合后，通过"线上+线下""标准化+个性化"的服务体系，为用户提供即时投融资信息对接和项目搓配。

投资中国网

首先来了解一下投资中国网的两大主要特点（见图5-16）。

背景雄厚　　资讯权威

图5-16　投中网特点

投中网良好的政府资源和行业影响力，致力于连接人、信息和资产，依托投中集团强大的金融信息咨询平台和投资人关系网络，以及中国互联网新闻中心这样的强大资源背景，从专业的新闻视角，为投融资者提供专业、客观、时效、全覆盖、高品质的资讯服务。

中国风险投资网

中国风险投资网主要有以下两方面特点（见图5-17）。

 1 最早的风险投资专业网站

 2 以天使投资为主

图5-17 中国风险投资网特点

1999年成立的中国风险投资网，作为国内第一家集项目风险投资、企业股权投资、政府经贸招商为一体的专业投融资服务平台，不仅拥有强大的投资联盟阵营，还网罗了国内强势资本。

以上几家融资平台都是目前国内行业中的翘楚，这些知名平台，有影响力，具有权威性，大家可以多关注这几个平台。

股权众筹融资成功的 4 个条件

股权众筹有效地将投资者与融资者连接在一起，并为各方提供了数据、信息，让创业者找到了适合自己的投资人，也让投资人找到了合适的投资项目。然而，在纷繁复杂的股权众筹融资过程中，只有具备以下一些条件的项目才有可能让股权众筹融资成功。

条件1：融资端要有靠谱的好项目

股权众筹其实是通过众筹平台发布的以股权融资为目的的众筹项目，如何让自己的项目受到青睐，首先要确保自己的项目靠谱。那靠谱的好项目的定义是什么呢？这需要我们从以下5大维度来考量（见图5-18）。

股权众筹平台和靠谱的好项目是相互成就的关系。好的平台，对好的项目才有足够的吸引力；而好的项目，是平台的根本及持续发展的关键。因此，平台在筛选融资项目

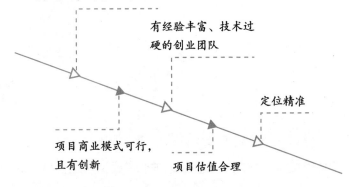

项目站在风口上，有巨大
发展潜力，前景光明

有经验丰富、技术过
硬的创业团队

定位精准

项目商业模式可行，
且有创新

项目估值合理

图 5-18　考量一个好项目的 5 大维度

时，首先要严把准入关，确保项目的质量；其次还要学会不
断挖掘好项目。可以通过与下线的孵化器、创业者合作寻求
好项目，也可以自身打造孵化器，孵化优质项目。

条件2：投资端权益需有保障机制

　　想要股权众筹融资成功，除了融资端需要有靠谱的
好项目外，投资端的权益也要有相应的保障机制。

投资人入驻平台需认证、审核

注重质量，不盲目追求投资人的注册数量。不仅符

合监管的政策法规，同时还会吸引领头能力强的投资人或投资机构入驻平台，这些人或机构都具有很强的号召力、影响力，平台做到了这点，便能吸引更多的投资人入驻平台。

因此，为了确保平台吸纳到更多的优质投资人，在设置准入门槛时，平台就要设置合格投资人的注册认证与审核门槛。有了优质的投资人资源，就不乏投资经验和风险意识的把控，这样的平台才会吸引好项目，才能成为优秀投资人活跃的平台，而撮合投融资双方成功的概率也就更大。

投资人的投资资金必须有相应的保障和服务

资金的安全及资金托管服务是投资人对股权众筹平

平台要确保系统安全性没有任何漏洞

平台应设计好投资人投后管理及权益保值机制，并提供相应支持及服务，以保障投资人的投资权益

通过第三方机构作为资金的经管方，平台不经手投资人资金，以确保投资人资金不被挪用

图 5-19 平台保障投资人资金安全的措施

台存在诸多顾虑的关键，若想让优质投资人入驻平台成为平台的活跃客户，就要解决投资人投资资金的保障与服务问题（见图5-19）。

在设计投资人投后管理及权益保障机制时，众筹平台具体可以采取以下方式（见图5-20）。

平台的融资公司约定在银行共同开立共管账户，监管融资方的资金使用情况

平台安排投资人的代表和融资公司的管理层，时时监督融资公司的经营与财务状况

图 5-20　平台对投资人投后管理及权益保障机制的具体设计方式

条件3：做好投融资意向双方的撮合和速配

股权众筹的投资人数量巨大，且互不熟悉，投资风格不了解，专业投资能力不相同。若像债权众筹一样在线签约，不但操作成本高，而且效率也非常低，还会给融资公司带来治理上的麻烦。为了解决这个问题，我们可以采取合投模式。

什么是合投模式呢？详情可见图5-21。

从大众对合投模式的理解中，我们能看出：这里有一个重点，就是投资主体，有了这个主体，投资模式就

在股权众筹投资人数众多的情况下，为了便于操作，降低交易成本，由众多投资人作为一个或几个投资主体进行投资的模式

图 5-21　合投模式的理解

达成了。此时，就要考虑投资主体的设立问题了。这里为大家提供一种模式，就是采用有限合伙的形式（见图5-22）。

设立一个或多个有限合伙企业，作为直接投资主体，由投资经验多和投资能力强的投资机构或个人作为领投人，其余的投资人作为有限合伙人

图 5-22　合投模式投资主体的设立模式

当然，为了鼓励领投人积极参与投后管理，还需要采取合理的激励措施。比如给予领投人一定的股份或优惠的股价，或者将合伙投资后的收益，拿出一定比例给领投人。

还可以通过设立一个或多个持股公司来解决投融资双方的撮合，但是有限合伙的形式只缴纳股东个人所得税，只有一层征税，而持股公司的话，需要公司和个人

缴纳两次所得税，要双层征税。因此，有限合伙更适合一些。

条件4：设立明确规则

众筹必须有明确的规则，且不能随意改动，参与者需充分了解并严格遵守规则。那么，该如何设立股权众筹的规则呢？在规则中一定要体现以下6大方面的内容（见图5-23）。

具备了以上4个条件，股权资产融资才有成功的可能。无论是投资者，还是融资者，都要遵守这些规则。

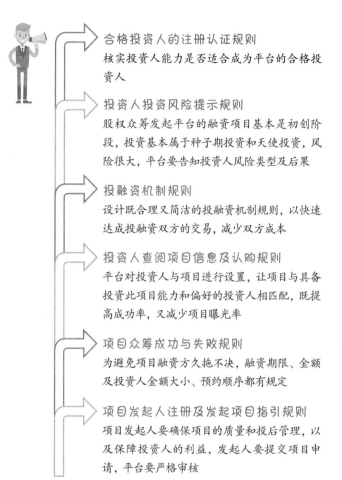

合格投资人的注册认证规则
核实投资人能力是否适合成为平台的合格投资人

投资人投资风险提示规则
股权众筹发起平台的融资项目基本是初创阶段，投资基本属于种子期投资和天使投资，风险很大，平台要告知投资人风险类型及后果

投融资机制规则
设计既合理又简洁的投融资机制规则，以快速达成投融资双方的交易，减少双方成本

投资人查阅项目信息及认购规则
平台对投资人与项目进行设置，让项目与具备投资此项目能力和偏好的投资人相匹配，既提高成功率，又减少项目曝光率

项目众筹成功与失败规则
为避免项目融资方久拖不决，融资期限、金额及投资人金额大小、预约顺序都有规定

项目发起人注册及发起项目指引规则
项目发起人要确保项目的质量和投后管理，以及保障投资人的利益，发起人要提交项目申请，平台要严格审核

图 5-23 规则设立须包含的 6 大方面内容

很多人买房不是为了居住，而是为了投资。事实也证明，在过去的十年中，投资房产的人可谓赚得盆满钵满，一夜间便从房奴转变成了千万富翁。这是因为房产资产具有保值增值性，虽然本身是居住属性，但一样能作为投资的途径。那么，富爸爸若想从房产中赚取到收益，还得掌握一定的知识技能，本章就带富爸爸一起来学习一下如何投资房地产。

PART 06

从房奴到富爸爸的
最佳路线

房产资产的保值增值性

在中国经济飞速发展的背景下，除了房子自身的居住功能外，房子还衍生出投资的属性，买卖房屋让很多人"翻身农奴变富豪"。不过，既然将房产作为投资项目，其保值、增值功能就备受关注了。在此我们就和大家一起来了解一下房产资产的保值增值性。

房产具有保值增值属性的原因

在投资房产之前，一定要先了解房产的保值增值属性，为什么其有这一属性可见图6-1。

通过图6-1，大家很容易明白为什么房地产具有保值增值性。前两点都好理解，对土地的稀缺性和不可再生性这点，也很好理解，如今的土地资源越来越少，能够用来造房建屋的面积也越来越小。如此情况下，早入手房产就是早赚到。

图 6-1　房地产的保值增值原因

　　而通货膨胀，大家在日常生活中也会有感触，以往吃早餐3元可能就够了，但如今10元、20元可能都不够，这就是通货膨胀所致的货币贬值，但是购买房产可以抵御这种膨胀，不但不会让货币贬值，更有可能大幅的增值。用北京周边某地举例，2010年每平方米平均为4000元，但到了2019年，即便在各种政策的控制下，依然坚挺在2万元以上一平方米。

如何让房产增值保值

　　是不是所有的房地产投资都能起到保值增值的目的？不一定！还得看具体的投资地点、区域、质量等。下面我们就来看一下到底投资哪些房产有保值增值的空间。

围绕都市圈购置房产

如今，资金、人才等资源，都开始向优质城市集中，未来经济的发展在各个城市的表现是不平均的。都市圈，将来会成为大量人口和优质资源的集中地。我国未来主要会有6个都市圈，如下图所示（见图6-2）。

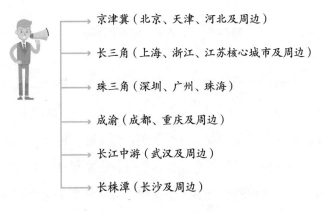

京津冀（北京、天津、河北及周边）

长三角（上海、浙江、江苏核心城市及周边）

珠三角（深圳、广州、珠海）

成渝（成都、重庆及周边）

长江中游（武汉及周边）

长株潭（长沙及周边）

图6-2　未来中国主要的6个都市圈

如果条件允许，让房产保值增值，就尽量向这6个都市圈的核心城市靠拢。在选择城市时，也要按照图6-3所示的顺序进行依次选择。

地段

在选定了城市之后，还要选择具体的地段。不管是投资，还是自住，地段的重要性都是不言而喻的。对于

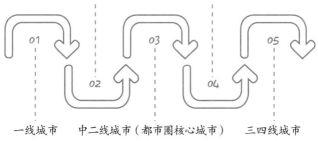

图 6-3 投资房产选择城市的依次顺序

好地段来说，须具备以下5个重要因素，且我们按重要性来排序（见图6-4）。

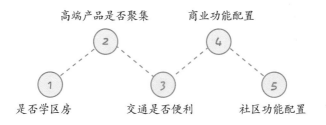

图 6-4 选地段的 5 个重要因素

学区房是指在学校招生范围内的房子，尤其是重点学校；高端产业聚集的商业圈，其房子性价比虽然不高，但地理位置好，资源充足，如果觉得商业圈内房价太高，可以考虑附近周边的房子；地铁涉及交通是不是快速、便利；日常离不开吃穿住行，因此周边配套，医疗、教育、商业功能等都要具备；另外，社区功能配置也要齐全，同时还要关注小区规模、绿化、格调、楼间距等。

户型结构及楼层

房子归根结底是用来住的，舒适性是其基本要求，因此投资房产还要看户型结构，能不能达到以下5点（见图6-5）。

1 是否有分区（公私、动静、洁污、干湿）

2 房间朝向是不是全朝南或通透

3 房间的采光是否充足

4 房间有没有暗间房

5 有没有阳台

图6-5 户型结构的选择要点

除了户型结构以外，楼层也是考虑的因素之一，尤其是高层建筑，尽量摒弃低层、最顶层。

房产附加资源

除了以上一些"硬件"因素外，房产附加的一些资源也非常重要，具体有以下4点（见图6-6）。

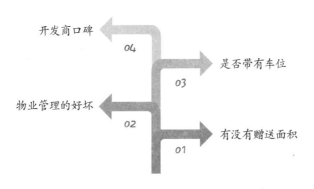

开发商口碑

O4

是否带有车位

O3

物业管理的好坏

O2

有没有赠送面积

O1

图6-6　房产附加资源

开发商，比如万科、金地、绿地等，口碑都很好，大家都愿意购买；日常居住少不了和物业打交道，因此好的物业公司也是让房子增值的因素；带车位的房子及有赠送面积的房子更抢手。

购房前如何进行买房预算

在买房这件事上，有人选择一次性全款支付，反正资金雄厚，买完房后零压力；有的家庭选择公积金或商业贷款按揭买房，虽然前几年压力蛮大，但预估几年后房价会攀高，工资翻了一番，还款不用愁。那么，到底怎样的买房方式更划算，我们如何进行买房预算呢？

选择贷款比一次性全款支付更划算

很多富人在购买别墅的时候，即便他们具备全款支付的能力，却选择贷款。这是为何？原因就在于这些富人很清楚，房贷几乎是所有贷款中利率最低的，尤其是住房公积金。以很低的首付贷款后，还有大笔的资金可以去投资生意，或者投资股票、基金等，赚取更多的财富。

在通货膨胀的大环境下，受益的是债权人，受损的是债务人。在通货膨胀的大环境下，许多人忙碌一生不停存

钱却连一套房也买不起，而许多人能利用这种机会，使用
银行杠杆，通过贷款，使得财富越滚越多（见图6-7）。

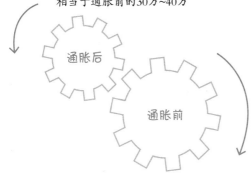

★ 房子售价300万元
★ 银行借出80万元，得到的100万元
  相当于通胀前的30万~40万

通胀后

通胀前

★ 房子售价100万元
★ 债权人借贷80万，最终还款
  100万元

图 6-7　通货膨胀对房价的影响

贷款买房，月供多少才合适

在贷款买房的情况下，月供多少才合适？理财专家
一般建议月供占家庭总收入的50%以下比较合适。家庭
月供也要参照家庭的实际支出情况。对于比较节俭的家
庭来说，月供是可以适当提高的；但对于钱出口比较多

的家庭，比如家里有病人，孩子教育费用高昂的家庭来说，要尽量少一些月供。大家可以参考一个公式来制定自己的月供预算（见图6-8）。

$$（月收入 - 月供 - 家庭开销）/ 月供 = 100\%$$

图6-8　月供预算公式

这是一种比较理想的状态，每个月结余越多，月供的压力就越小。

如果每个月结余与月供的比例超过100%，说明这个家庭可以维持比较高的消费水平；如果每个月结余与月供持平，说明家庭并没有因为月供而影响生活质量；如果每个月结余小于月供，甚至是被月供远远超越，这将是一个危险信号，请及时并认真审视自己的财务结构，选择与自己财务状况相适应的投资方式。如果因为月供问题，使得每个月结余为负数，那就要慎重考虑月供金额的问题。

公积金的妙用，
占尽便宜不吃亏

我们找工作签合同的时候都会涉及住房公积金。随着公积金提取流程的简化，有很多人在公积金方面打主意。目前阶段，公积金有7种用途（见图6-9）。

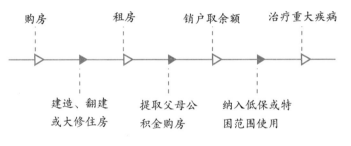

图 6-9　公积金的 7 种用途

在购房方面，全款购房可一次性提取公积金；商业贷款购房可提取公积金用于首付，商业贷款购房可提取公积金偿还本息，公积金(组合)贷款购房可提取偿还本息。在用公积金购房方面，还有一些公积金的使用技巧，能够使你占尽便宜不吃亏（见图6-10）。

图6-10　公积金使用技巧

用够公积金的还款额度

从投资理财的角度来说，小夫妻在用公积金贷款的时候，尽量使用最大额度和最长年限。这是小夫妻花很少的钱撬动更多财富的机会。一般来说，要想充分用足公积金还款金额，需要具备以下几点。

还贷能力高

也就是收入比较高，这说明购房人有足够的钱用来

个人贷款额度＝［（借款人月工资总额＋借款人所在单位住房公积金月缴存额）×还贷能力系数－借款人现有贷款月应还款总额］×贷款期限（月）

图6-11　个人贷款额度计算公式

富爸爸 的 家庭理财手册

还房贷。下面有个人贷款额度公式，大家可对号入座算一算（见图6-11）。

工作稳定很重要

一般来说，工作稳定在一定程度上说明借款人的收入来源比较稳定，如果在这个基础上，再具备事业单位或世界500强企业等过硬的背景，就更容易获得公积金贷款高额度。

房价成数比较高

房价成数，即申请贷款房子的总价乘以贷款成数得出的金额。正常来说买的房子越贵，需要的贷款越多，越容易申请高额度公积金。但一般有限额规定，比如目前北京规定不超过120万。我们举一个例子：北京一套500万的房子，首付20%，那么剩下的80%，也就是400万元便是房价成数。但因为贷款最高额度为120万，所以房价成数最多申请到120万。

公积金账户余额足够高

一些地区的公积金贷款额度还与公积金账户余额直接挂钩，比如上海、深圳等。一般来说，公积金贷款额度=公积金账户余额×倍数（一般为30倍，实际情况请咨询当地公积金中心）。

用足公积金使用年限

公积金贷款利率比商业贷款利率低，所以大家在组合贷款时，可以根据实际情况，设定较长的公积金贷款年限和较短的商业性贷款年限。

如果一个家庭夫妻年龄相当，可由丈夫做贷款人，申请到更长的贷款时限；假如夫妻相差比较大，那么年龄小的一方做贷款人则可以申请到较长年限的公积金贷款。

合理安排公积金贷款顺序

家庭在购买首套房时，应该遵循先公积金贷款后商贷的顺序，这样可以享受到公积金的优惠政策。如果是出于投资目的购买二套或三套房产，则首套房产可先用商业贷款，再用公积金贷款比较划算。

用余额充抵贷款本金最省钱

如果公积金账户余额较多，且贷款初期现金支出压力不大的情况下，可以用公积金账户中全部余额来冲抵贷款本金。这样就会降低利息的还款额度，省下一笔费用。

除此之外，大家不要忘了公积金的其他用途，比如建造、翻建或大修自住房等，公积金的利息是相当低的，与其在账户里放着，不如用在其他的渠道物尽其用。

6种方法判断房产的升值空间

买房子最抓狂的感觉莫过于：拿出所有积蓄外加东拼西借，还背着巨额的房贷买了一套"豪宅"，最后发现被忽悠了；甚至开发商跑路，房子成了烂尾房。因为周围配套跟不上，实际上，可能相当长一段时间，甚至十年二十年内都难有起色。在这种情况下，很多人甚至忍痛"白菜价"卖房。

投资买房就像买股票，是讲究技巧的。在投资买房之前，应该从各方面来综合分析，判断该房源是否具有升值空间和升值潜力。这里就给大家介绍一些决定房产升值的因素。

地段

房地产业内有一句经典的话："第一是地段，第二是地段，第三还是地段。"地段是一个房子升值与否的决定性因素之一。那么什么样的地段算是好地段？详见图6-12。

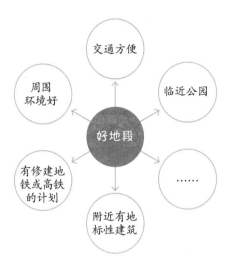

图 6-12　好地段的标准

人文

一个社区的社区文化如何，周围有无重点小学、重点中学等，对房子升值空间影响巨大。

近些年，购买学区房已经成为很多人的投资首选。只要这些小学、中学、大学不搬走，不仅房子能保值，还能持续升值。

商圈

一个楼盘附近的商圈是否成熟，是楼盘的价值是否具有成长性的决定性因素之一。一个成熟或具有发展潜质的商圈主要由三部分构成（见图6-13）。

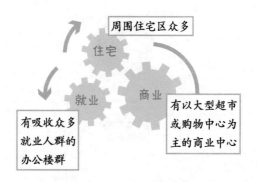

图6-13 成熟商圈构成要素

就业、住宅、商业这三者相辅相成，共同作用，打造出的商圈，才会对周围楼盘价格和价值起到一定的拉升作用。

配套设施

很多远郊的房子尚且处于发展阶段，如果其周围的配套设施能逐步完善，那么房价就会在这个过程中不断获得拉升，升值潜力巨大。但是，如果在发展过程中，周围的配套设施始终跟不上，或者说没有发展相应的产业链，无法吸引更多人，房子的升值速度就会趋于缓慢，甚至长期处于停滞状态。

居住环境

居住环境也是影响房子价值的重要因素。如果社区周围空气好，无污染型企业，水源洁净，绿化面积大，这些都会使得这个社区更加宜居，房子的价值也会不断升高。需要注意的是，一定不要买污染工业区的房产，一方面这样的房产不宜居，另一方面其升值空间不大。

房屋品质

我们在购物的时候，都会尽量挑选那些品质好，最好是大厂家生产的商品。房子也是商品，买房子同样要注重品牌效应。尽可能选择那些有品牌开发商开发出来的房产。一般来说，这样的房产不会出现烂尾或物业服务差等硬伤；另一方面，品牌开发商制造出来的房屋在质量方面是值得信赖的，在户型设计方面，也会比较考究。这样，房子的自身价值和附加值都会比较高，升值空间也很大。

精打细算，
二手房也是大赢家

不少楼盘在销售时，时间段拉得很长，一二期已经售罄交房，有的业主已经入住，而三四五期还在接着卖，这个时间段甚会更长。有些已经入住的业主因为一些原因开始出售房屋。一般来说，这些二手房的售价要低于开发商的一手房售价。

这是因为开发商要卖出一套房，付出的营销费用约1.5%~2.5%，而售楼大厅销售员营销方面的努力又会提升产品的溢价能力。

而二手房主售房完全没有这些方面的优势。所以，在这种情况下，投资者选择房龄较短且没有入住过的二手毛坯房，实际上跟新房没有太大的区别。

但二手房交易流程较新房繁杂，很多地方不注意可能就会吃大亏。这里给大家提供一些选择二手房方面的建议。

确认房产的产权问题

购买二手房前，投资者必须对房子的产权情况进行审核确认。这点是相当重要的，审核确认的内容包括以下方面（见图6-14）。

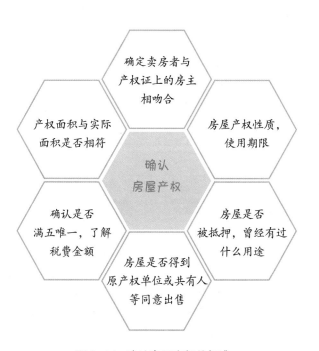

图 6-14 确认房屋产权的标准

看房时初步验房

投资者在看房时务必要验房。一般来说，验房包括这些方面的内容（见表6-1）。

表6-1 验房的6项要素

项目	内容
了解房屋装修情况	是否带装修；装修程度如何；原房屋的内部结构图（承重墙为主，水管和线的走向）
是否存在私搭私建现象	是否占用走廊；是否搭建阁楼或阳光房；是否改动过房屋格局；阳台是不是自己封闭的（这涉及阳台面积如何计算价格的问题）
房屋确切面积	房屋的建筑面积、使用面积和户内的实际面积是否属实
房屋结构是否合理	户型是否合理，有没有不宜居的缺点；管线走向是否合适；天花板有没有渗水的痕迹，墙壁有没有裂缝等
市政配套情况	打开水龙头观察水质、水压；确认房子的供电容量，避免电器开太多的情况下跳闸或出现其他情况；观察电线老损情况；确认天然气的状况；确认冬季采暖情况
物业管理状况	电梯的品牌、速度、管理方式；公共走廊整洁程度；保安是否有责任心；社区绿化率如何；物业费情况等

综合判断房屋售价和升值空间

投资者验房之后，可以通过以下一些方法判断房屋售价或价值。

第一，根据房屋的基本情况，结合房屋的楼层、地段、周边商业状况等进行综合考量，判断房屋的价值；第二，投资者也可以通过本社区或附近二手房的市场价格来衡量是否物有所值；第三，委托信得过的中介公司或评估事务所进行价值评估；第四，银行提供按揭贷款时会做出价值评估，这个价格可算作此处房产的最低保值价。

除了这些最基本的二手房购房参考外，大家最好和二手房所在社区的邻居多聊一聊，了解他们在这个社区是否住得舒心，向知情人打听这房子以前什么人住过，是否发生过一些变故等。只有掌握了关于二手房尽可能全面的情况，才能买到称心如意的房子。

如何将房产的
租金收益最大化

　　投资房产，如果一时不能出手卖掉或不着急抛售变现，就要选择出租的方式，以确保投资房产收益最大化。但是如何出租，才能让租金收益最大化？这是在出租房时要重点考虑的问题。下面就给大家几点建议。

将整租变合租

　　如果有一套三居室要出租，每月租金3000元，水、电、燃气、网费等都由租客自己承担，那么每年收入租金36000元。

　　但是，如果将房间分别出租，也就是采取合租的方式出租。按照主卧、次卧来分的话，主卧租金1500元，两个次卧分别为1200元，这样每月租金就是1500+1200+1200=3900元，一年下来就是3900×12=46800元，比整租要多出1万多元。

再加上每间房每月收水费、电费、燃气费、网费、公共卫生费等这些杂费，也是一笔收入。

短租

目前，房屋短租正在悄然兴起，而且已经有互联网公司开始注资这一领域，这是因为短租能获得更高的收益。不过，想要通过短租房获取更高收益，就要求短租房具备以下几个特点，以便为出差、旅游、走亲访友的人提供便捷、廉价的居家式服务（见图6-15）。

费用相比同等级酒店价格要低廉，基本在酒店的一半

2 租期要灵活，按日计租

1

配置齐全，让租客在自家一样洗衣、做饭、上网等

3

图 6-15 短租房的特点

虽然短租在日常管理上比较烦琐，且可能会存在空置期，但相较长租房来说，按日出租的短租形式基本要高出三倍以上的收益。

如何从房周期入手投资房产

　　做生意的人都知道，生意有淡市、旺市之分。房地产市场也一样，有些年份房价增长较快，有些年份房价增长较慢，或者还可能会有回落、下跌的情况出现，这就是房地产市场的周期性变化。

房地产的周期变化

　　具体来说，房地产的周期变化有爬升、盛放、回调、稳定阶段，如此循环反复，最终表现为长期、缓慢、稳定的上升状态（见图6-16）。

　　如果能在刚开始步入上升期时入场房地产投资，在盛放期出手，无疑会获得非常不错的房地产投资收益。处于上升期时，大多数人保持观望的态度，因为不确定能涨到什么程度，此时不要受大众思想影响，应该果断入手房产。

上升期	空置率降低，租金上涨，物业价格上涨，投资者开始入场，但在大家的理智下，价格升幅较为温和
盛放期	房价升幅很大，可达20%年涨幅，大批投资者进场，银行贷款政策宽松，大家争相购买，生怕错过，担心以后更贵
调整期	盛放期大量的自建房、投资房，让空置率上升、回报下降，价格停止增长，甚至下跌，很多人打算卖房
稳定期	过量供应被消化，需求增长，租金上升，投资者重新入场，房价变动不大，或者有微弱上升、下调

图 6-16 房地产的 4 个周期变化

虽然盛放期市场显得火爆，价格也不断上涨，而且银行的政策宽松。甚至能给投资者100%的贷款，即便大家都开始哄抢房产，理智的投资者还是要谨慎，因为盛放期一般维持时间较短，此时入手，很可能会买在最高点，若等下一个盛放期到来再出手的话，不但会影响收益，更重要的是影响现金流。

盛放期导致的空置率会让调整期的价格停止增长，此时投资者的现金收入减少，贷款支出上升，若手中有多套房产着急出售，无疑陷入了困境。而调整期什么时候过去，这还要取决于盛放期的长短，盛放期长，调整期就长；盛放期短，调整期就短。但较长时间的调整期，让价格回调的风险也增大很多。

稳定期时，市场基本处于饱和状态，很多人认为房地产已经没有投资价值。其实，这时才是入市的最好时机。因为，不管周期长短，房地产都是遵循周期规律向前发展的。

如何应对房地产价格周期变动

受互联网资讯传递速度快的影响，媒体对房地产市场情绪的影响很大，由此也造成房地产周期缩短，而房地产投资是通过时间来获取增值的投资，同时利用杠杆，也就是借贷等，让收益变得可观。

也就是说，房地产投资具有"升值+时间+杠杆"的属性，可是周期变短，长期持有增大风险的同时，更重要的是影响现金流。那么在这种情况下，又该如何应对房地产价格的周期性变动呢？

不偏信新闻

没错，通过新闻可以了解时政，也包括房地产的趋势走向。但是，如果只关注新闻提供的信息，自己不做研究、分析，很可能会错过投资房地产的最佳时机，若等新闻中播放的都是好消息的时候，恐怕房地产市场也开始进入盛放期了。

逆向投资

成功而优秀的投资者，不管淡市、旺市都能赚钱，这些人大多具备逆向思维，主张逆向投资，就是别人都不敢入场时入场，且一入手就是多套；而在别人疯狂入场的时候，则抛出手中的房产，如此便能轻松赚取收益。

不追逐最大收益

市场的最高点和最低点的转换也许只是一夜之间的事儿，即便再优秀的投资者也不可能把握精准，因此不要试图追逐最大收益回报，只要在盛放期将收益最大化，在调整期、稳定期时做好准备，都是投资房产的不错策略。

对于保险的态度，有的人认为保险是骗人的，有的人认为买保险不值，但是面对重大疾病、养老、子女教育问题的时候，作为富爸爸的你也认为保险是骗人的、不值得购买的吗？而你打算购买保险时，又该怎么买呢？只给子女买合适吗？各种保险又具有哪些作用呢？这些都是需要了解并统筹安排的，你都了解吗？本章就来带你了解保险。

PART 07

30 年后，保险才是
富爸爸最可靠的保障

算一笔
未来教育和养老的账

在打理家庭资产的时候，一定要把养老金和教育金考虑在内，我们先来看看其中的原因。

养老金的重要性

养老金主要为了老年时候的基本生存，并在此基础上，根据个人情况保障一定的生活质量。然而，如果不早对养老问题做规划，那以下几个因素就会影响退休后的生活质量，甚至会影响退休后的生存问题（见图7-1）。

养老金替代率为45%，意思是国家机关、事业单位的企业员工之外的员工，退休后领取的养老金数额仅为工作时收入的45%。现在不妨就根据你的工资算算你能领取的养老金，看是不是够你日常的开销，估计大多数仅能获得基础保障，一旦遭遇突发状况，比如大病等，很可能会因病致贫，让生活拮据。

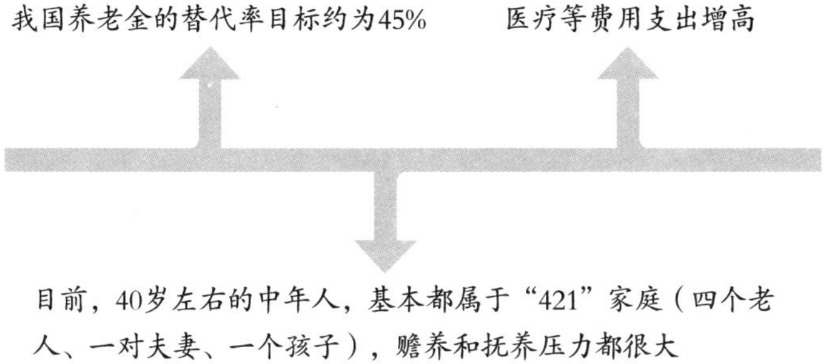

我国养老金的替代率目标约为45%　　医疗等费用支出增高

目前，40岁左右的中年人，基本都属于"421"家庭（四个老人、一对夫妻、一个孩子），赡养和抚养压力都很大

图 7-1　会影响养老生活的 3 个因素

目前，40岁左右的中年人迫切需要规划养老问题，而面对"421"的压力，不规划，就得面临退休危机。

上了岁数之后，身体健康逐渐衰退，医疗等费用开支增大，若没有这方面的储备，因病致贫是一方面，接下来的生活无疑会捉襟见肘、举步维艰。

因此，养老问题需早做规划。

理想养老到底需要多少钱

著名经济学家郎咸平在博客上曾说，一线城市的一个普通家庭每年的基本生活费为5万元。若按照CPI为3%的平均涨幅水平计算，20年后，若还想维持每年5万元的生活水平，就得需要9万元。若20年后退休，再活20年，就得为退休后的生活准备242万元的养老金。

当然，养老的生活方式、生活水准还要依据个人而定。但理财绩效的产生离不开3个要素：本金、时间和投资回报率，若在本金和投资回报率相同的情况下，时间越长，则收益越大，因此，养老金储备越早越好。

养老金的储备方式

在储备养老金时，可以采取以下3种方式（见图7-2）。

退休前，筹足退休后能保障生活质量的充足宽裕的资金

退休后每月或每年能领取一笔能保障生活质量的现金

前面两者结合

图7-2 储备养老金的方式

算算教育金的账

教育金是为保障子女的教育。很多人意识不到教育金的问题，但是在此算算，就能知道"不算不知道，

一算吓一跳"，这笔账若不早做规划，不提前预备，也可能会让生活陷入被动。下面我们就以一个二线城市举例，从幼儿园开始一直到大学毕业到底需要多少钱（见图7-3）。

幼儿园：取中等水平幼儿园的学费，每个月约3000元。3年幼儿园，寒暑假不算费用，大概为30个月
总开支：9万元

小学：在学校招生范围内就近入学的不计，单说需要择校的家庭，择校费用在6万~12万，取中等水平9万元

大学：国内大学每年学费约在2万元左右，加上生活费等杂费，每年在4万元左右，以4年大学算，约为16万元；国外大学，还要看哪个国家，比如英美等国，每年的费用在几十万左右，这个费用并不便宜

中学：若考试通过则好；若没有通过，择校费又在5万~10万，还是取中等水平约7.5万元。初、高中共15万元左右

图7-3 从幼儿园到大学毕业的教育费用开支情况

我们暂且不算国外大学的费用，单算国内的教育，从幼儿园到大学毕业，总的开支就在49万元了，这只是以二线城市中等水平为例来算的。

当然，不同的地域，不同的学校，费用收取情况也不尽相同，比如偏远山区的孩子，从幼儿园到高中，基本不会产生多少费用，但大学依然会开销不菲。一线城市的一些精英学校，费用就更高了。

总之，无论是自身的养老金问题，还是子女的教育金问题，都要提前做好规划。

为孩子储备教育金的 6 种方法

　　子女的教育问题是一个家庭的头等大事，马虎不得。前面我们大致算了一笔账，二线城市，孩子的教育金大致在49万元左右。据统计数据显示，普通家庭从出生到大学毕业养育一个孩子，预计花费在50万~130万。若送孩子出国留学，至少需要200多万元。这么大一笔开支，要提早做好规划。同时，子女教育金存在以下实际的问题，也让大家意识到教育金要提早准备（见图7-4）。

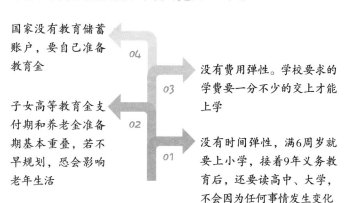

图 7-4　子女教育金存在的一些实际问题

从上面的叙述与图中就能看出，子女教育金要提早做规划。那如何为孩子储备教育金呢？接下来我们为大家具体介绍几种方法。

强制储蓄

没有一定的储蓄，就没有投资，也不可能有子女的教育金储备。因此，在满足日常开销之外，每月或每年可以定期存入一笔资金。可以选择银行储蓄的形式，也可以选择基金定投的形式。

购买子女教育金险

保险产品中有子女教育金险，可以通过以下两种形式购买（见图7-5）。

购买纯粹的教育金保险，为初高中及大学提供教育费用

购买理财型保险，可以选择"强制储蓄+复利分红"的保障型险，降低风险

图7-5 购买子女教育金险的形式

教育金险还有一个保障性属性，就是投保家长一旦遭遇不幸，比如身故或全残，未缴的保费不但会全部豁免，其子女还能继续享受保障和资助。

基金定投

子女教育金的储备期限偏长，相当于中长期的投资；同时子女教育金又需要稳定、安全，不能以追求收益为目的。鉴于此，适合中长期投资，且风险低、收益不错的基金定投就是不错的选择了。

子女教育金信投

因为信投的投资门槛很高，这一方式不是适合所有

夫妻离婚，子女抚养责任方可以找专业受托人成立子女教养金信托

想送子女出国留学，且有数目不菲的整笔资金

高资产及高收入家庭

图 7-6　适合考虑子女教育金信投的 3 种家庭

的家庭，具体来说，以上3种家庭更适合考虑用这种方式储备子女教育金（见图7-6）。

购买国债

国债的收益相对银行储蓄来说要高出不少，所以可以考虑买国债作为子女教育金储备方式。不过在购买时，还要注意年限的问题。

银行理财产品

银行理财和银行储蓄相比收益更高，但大多偏向中长期，因此要考虑时限性。"备多不如备早"，子女教育金要提早准备。不但可以给孩子的教育打下一个良好的物质基础，同时还能缓解家庭的经济压力。

"粮仓"有国债，吃喝不用愁

　　国债就是国家向大家借的钱，是国家信用的表现形式，用来弥补财政赤字，或者用于大型国家建设项目等。国债的发行，给老百姓多了一条投资理财的途径，而如今，国债几乎成了家庭投资理财必备的产品之一，毕竟，国债在利息收益上要比银行储蓄高。在此我们就和大家一起来了解一下国债。

国债的种类

　　随着互联网时代的到来及网上银行业务的普及，如今面向老百姓销售的国债主要有储蓄国债和记账式国债两种。

储蓄国债

储蓄国债又分为凭证式储蓄国债和电子式储蓄国债

两种。凭证式储蓄国债有以下几个特点（见图7-7）。

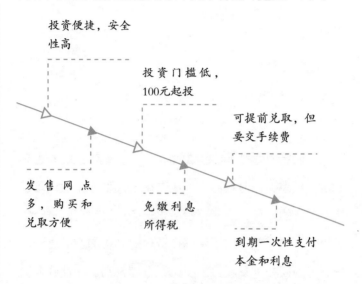

投资便捷，安全性高

投资门槛低，100元起投

可提前兑取，但要交手续费

发售网点多，购买和兑取方便

免缴利息所得税

到期一次性支付本金和利息

图7-7　凭证式储蓄国债的特点

电子式储蓄国债与凭证式储蓄国债的主要区别是应用网络技术，以电子记账形式记录债权，不用纸质凭证，且既可以在柜台办理，也可以通过网银办理。支付利息的方式则是按照每年约定的日期给付。

记账式国债

记账式与储蓄国债的不同之处在于其能上市流通，急需资金时，可以在二级市场出售，流动性强。

记账式国债可以通过网银自由买卖，也可以通过银行网点柜台办理，同时还可以通过证券交易所进行买卖。但是，记账式国债相比储蓄国债，其价格由市场决定，出售时有可能高于发行面值，也可以低于发行面值，因此需要承担一定的风险。

国债的购买渠道

几种国债的销售渠道基本一样，网银、手机银行、银行网点柜台都可以办理，因此可以根据自己的喜好，选择购买渠道。

不同年龄段人群如何购买国债

对于国债的购买来说，老年人、中年人及年轻人的购买态度不同。下面就分别说一下几种不同的态度。

老年人

老年人退休后，如果遇到突发情况，日常没有大额的资金支出，可以将40%的资金拿来购买国债，且根据年龄及身体情况，可以选择三年期或五年期的国债。

中年人

中年人因为具有较强的抗风险能力，手中的闲余资金可以更多用来做高收益的投资，比如股票，而10%~15%的资金用来购买国债。当然，这也要看个人的喜好，一些不愿意承担较高风险的人，也可以将30%~40%的资金用来购买国债。

年轻人

刚步入社会就业或刚成立家庭的年轻人，可以将闲余资金拿出20%左右购买国债，选择三年期比较合适，等到巩固了自己和家庭的经济基础，可以考虑高风险、高回报的投资项目。

如何选择
交易所的债券

选择债券也是一种投资方式。如果没有信用风险，持有债券，到期后原则上是不会出现亏损的，如果债券市场行情回暖的话，还可以多赚取收益。我国债券市场分为交易所债券市场、银行间债券市场和商业银行柜台市场。对于个人投资者来说，投资债券主要有以下渠道（见图7-8）。

① 在交易所市场购买记账式国债、企业债、可转债等

② 通过购买债券基金、银行理财产品间接投资债券

图 7-8　投资债券主要的渠道

交易所债券存在的风险

虽说原则上投资债券不会出现亏损，但依然存在以

下一些风险（见图7-9）。

信用风险。又称违约风险，指的是发行债券的借款人不按时支付债券所得利息或偿还本金，而给投资者带来了损失的风险

利率风险。指的是因利率变动而使投资者遭受损失的风险。利率提高，债券价格下降；利率降低，债券价格上升

流动性风险。即变现能力，指的是投资者无法在预定期限内以合适的价格卖掉债券的风险。卖不掉的话，不但会遭受损失，还会失去其他的投资机会

图7-9　债券投资的3大风险

如何选择交易所债券

鉴于以上交易所债券存在的风险，在选择交易所的债券时，需要注意从以下三方面来规避风险。

第一，看债券信用评级。债券信用评级大多是企业债券信用评级，是对企业发行债券是否能按期还本付息的可靠程度的评估，为投资者提供了债券的购买及流通转让活动信息。一般我们认为，评级高、有担保、抵押充足的债券能规避风险。

第二，看行业发展前景。行业发展前景广阔、企业经营状况良好的债券值得选择。

第三，看公司情况。公司情况包括企业资质、经营业绩、资产负债率、现金流、抵押物，以及利息保障倍数等。

进可攻退可守的可转债

作为公司债的一种，在大盘表现强劲的时候，可转债市场也非常抢眼，成了香饽饽。那么，什么是可转债呢？今天我们就来一起学习一下。

什么是可转债

我们先来了解一下可转债的概念。

可转债

通俗来讲，就是可以转换成股票的债券，但其本质就是债券。具有债券和期权的双重属性，持有人既可以持有债券到期，让债券发行公司还本付息，也可以在约定的时间内将债券转换成股票，享受股息分红或资本增值。所以，也可以将可转债看成是一个能保证本金的股票。

既能享受股息分红，又能保证本金，看到这里，你是不是已经心动了？不过，可不是让你躺着就能赚钱，可转债还是有问题存在的，那就是其固定利息比较低，通常在收益率在1%~2%之间。之所以可转债能被看成是香饽饽，就源于其"债券+看涨期权"的双重属性，让它"进可攻、退可守"。那到底可转债是如何体现它"进可攻、退可守"的特点呢？接下来我们具体来看看。

如何体现可转债"进可攻、退可守"的特点

如果手中持有可转债，又赶上牛市，不管转不转股，可转债都很值钱。然而，上市公司是不会让大家这么无风险地赚下去的，他们会设置一个强制赎回的点，通常在130%，若达到了这个限制，且股价在这点上已经持续15天或20天了，就要启动强制赎回措施了。但强制赎回的价格远低于可转债价值，目的是逼着大家转股。因此为了避免上市公司的强制赎回导致可转债价格收缩，可以趁价格不错时直接卖掉。如果转股的话，那就要注意以下两点（见图7-10）。

可转债一旦跌破了100元，就是买入的大好时机，越跌越买，跌下去的都是盈利空间，因为最后可转债的价值肯定是100元加利息。买完之后就等牛市机会，如果没有出现牛市，就等下调转股价消息，一旦转股价下

注意强制赎回的价格和条件

转股后本金没有了保证，就要
以股票投资的态度对待投资

图 7-10　转股后应注意的两点

调，便紧盯股市，即便在熊市，出现了利润空间，还是
要转股，且转股结束马上卖掉，这样也可以赚取一笔
不菲的收益。不能在熊市里过多停留，因为本金不受保
护，一旦股价继续下跌，就有可能损失惨重。

寻求时间点完成股债配置价值切换

可转债超额收益来自"股票看涨期权"。因此，配置
可转债的主要投资价值就是在风险可控的情况下，建仓博
弈股票市场拐点，而转债配置的时间很短，若股市进入牛
市，转债的收益优势就减弱了。一般来说，经济低迷，总
需求疲软，货币政策宽松。这个时候，债券就是优质投资
资产。在这种"衰退"转向"复苏"的阶段，股票对经济
复苏的弹性更大，此时就是债转股的最佳配置时间段了。

家庭投保统筹安排

保险的重要性不言而喻，但老老少少一大家子人，到底先给谁买后给谁买，又如何配置保障险和理财险呢？在此具体和大家说说家庭投保统筹安排的问题。

家中顶梁柱的保障险不能缺

很多人买保险，都是给子女买，认为这是对子女的爱。殊不知，若家里的顶梁柱突然因为疾病或意外倒下，那整个家就塌了。上下老小不但没有了经济来源，还得支付高额的医疗费用给顶梁柱治病。因此，家中的顶梁柱一定要有保障型的重疾险和意外险。

福利保障少的家人优先买保险

家中没有保险保障的人要优先买保险，或者保障额度相对比较小的，在买保险时要优先考虑。

保障在前，理财在后

不少人是买了不少保险，但买的都是分红险、理财金等，与重疾保障没有关系，一旦遇到重大疾病，既没钱可以用来提前给付，又不能事后报销。产生的高额医疗费用，只能自己用血汗钱来弥补。因此，买保险，首先要买保障险，在保障险的基础上买理财金险，如此才能让保险起到"以小博大"的杠杆作用。

让遗产受损失最小

遗产税、赠予税等，一步步都会展开实施，这就让一部分家庭遗产可能会上交国家，但是通过购买保险所得的保险金，国家是免税的。如果手中有闲置资产，也没有其他的投资途径，为了避免交税，减少财产损失，就可以买保险，并将受益人指定为子女。教育金及养老金，都可以通过保险的形式来管理。

要依据家庭的实际情况

　　买保险要根据家庭的实际情况来定，力所能及地购买，不能贪多，影响到日常的生活；也不能太少，起不到真正的保障作用。一般来说，家庭年收入的15%左右可以用来作为购买保险的规划开支。

如何利用商业险
为医保补漏

通过社保报销医疗费的人都知道，社保设有最低标准起付线，低于起付线以下的医疗费用全部由患者自付，超过起付线以上的费用由医疗保险机构偿付，北京市的在职职工最低标准起付线是1800元，退休人员为1300元。

同时，社保还有最高支付限额，比如北京市规定每年的门诊费用限额最高为2万元，超过2万元的门诊部分，依然需要患者自付。

另外，大量昂贵的特效药、进口药、进口器材等，是不包含在社保报销范围内的。如果必须用这些药或器材才能将病症去除，就需要患者自付了。

也就是说，即便有社保，依然无法报销所有的医疗费用，此时就要考虑用商业保险来补充医保了。下面我们就来说说如何通过行业保险为医保补漏。

购买商业重疾险

商业重疾险是补充医保的一个很好的保障工具，其具有以下一些特点（见图7-11）。

图 7-11　商业重疾险特点

从图中可以看出，商业重疾险的核赔标准严格，对病种的定义也比较严格，在投保的时候还要特别注意这点。此外，重疾险属于提前给付型险种，就是确诊为大病，且符合保险责任条款，保险公司马上就采取理赔，这部分理赔金可以负担住院押金，并且保多少保额，就会一次性支付多少保额。

保险公司不断推出新的险种，比如中国人寿推出的康宁至尊，在重病上可以赔付三次，这对重症患者来说，无疑是利好消息。因此在选择重疾险时，大家还要注重保险责任、赔付责任的详细条款，选择最为合适的险种购买。

购买超级社保

目前，大多数商业保险依然无法承担全部医疗费用的报销，根据保险合同约定，在社保报销范围内的，除去社保报销以外，保险公司仅给付剩余的部分，而社保不能报销的，比如进口药、特效药等，保险公司一样不给报销。

但是目前不少保险公司又推出了新的险种"超级社保"，比如中国人寿的"如E康悦"，其报销范围不受医保范围限制，凡是在医院构成的有效支出，无论是进口药，还是特效药，抑或是特护病房，哪怕是请的护工、在医院支出的合理膳食费用等，都可以报销。

这款险种仅有一个限制条件：有1万元的给付现。就是说，1万元以内，由社保承担，1万元以上的部分全部由个人负担，且根据不同的选择，每年交几百元到几千元，就能享受最高205万元或605万元两个档次的报销额度。

前面的商业重疾险是确诊大病后给付，可以说是提前给付，而超级社保则是在治疗结束后报销，这样两个险种相结合的话，就不用担心疾病医疗保障了。

购买津贴型医疗险

津贴型医疗险没有太多的限制条件，不管花了多少钱，也不管用药是不是在医保范围内，只要购买了此险种，发生住院或手术等情况时，就可以按合同约定给付每日住院津贴额，且按住院天数给付。

但须注意的是，住院天数有上限，不同的保险公司和不同的险种，对此的规定也不相同。

互联网保险
这样买才对

随着互联网时代的来临，保险开始在网络上销售了，这让大家购买保险的渠道变得越来越多，且购买更为方便、快捷，可选择空间变大，互联网保险成了不少人青睐的保险购买途径。与此同时，也让大家面临着不少问题，互联网上保险公司无数，保险产品五花八门，到底哪些可选，哪些不可选；哪些靠谱，哪些不靠谱，都需要大家认真甄别。在此，我们就和大家聊一聊互联网保险。

互联网保险的优势

互联网保险发展势头强劲。2013年，互联网人身保险的保费规模只有54.4亿元，而到了2017年，保费规模就突破了1380亿元，可见发展速度之惊人。之所以发展这么快，还在于互联网保险具备的优势。下面就带大家一起来看看互联网保险具体有哪些优势。

便宜

便宜是互联网保险最为突出的优势（见图7-12）。

便宜是互联网保险的最突出优势，同样责任的产品，
线上比传统线下便宜最少 30%

图 7-12　便宜是互联网保险最突出的优势

为什么会这么便宜？这源于以下三个方面原因。

首先，互联网保险不用考虑业务人员的佣金及公司层级的费用成本，并通过简化、优化等设计，降低了产品自身的设计成本。同时，还细分了用户的真实需求。

其次，网络渠道销售大大压缩了销售和经营的人工成本。

最后，互联网保险产品实现了智能核保、智能客服、在线定损、极速理赔等服务，极大地节约了人工服务成本。

方便快捷

首先购买方面，在确定了自己的需求后，直接通过手机、电脑等就可以购买保险；其次，理赔过程也更为简易便捷，只需将就诊单据、发票上传到指定理赔平

台，保险公司便能快速核定并出具理赔结果，且最快在1天内就能收到理赔款。

可多家对比

互联网保险产品还有一大优势就是能轻松进行产品对比和投保，通过第三方平台，大家可以对不同的保险产品进行价格、保险责任等方面的对比，这样就可以选出最合适的保险进行购买。

除了以上的优势，在网上买保险也有一些特别需要注意的地方，下面我们具体来看一下。

购买互联网保险的注意事项

确定产品的真实性

一般来说，互联网上的保险都是真实的，因为国家对保险业监管非常严格，每一款保险产品，都要经过银保监会的严格审核、备案才能发布出售。若还是担心产品的真实性，可以打产品所属公司的客服电话进行核实。

如实告知健康情况

买保险，健康告知是必不可少且非常重要的一个环节，既决定你能不能购买保险，同时又涉及自身权益。在购买过程中，只要根据提示内容将自己的情况如实填写就行。

需要注意的是不能隐瞒，尤其是一些拒保的情况，比如有高血压病史，或者患过心脑血管疾病等，这些也得如实填报，不要抱有侥幸心理，否则一旦交了保费，核保又核查出曾经的病史，保费白交了不说，还失去了保障。只要你有就医记录，在如今大数据的背景下，都能核查出来。

详细阅读保险条款

保险条款、投保须知等，可以让大家全方位地了解

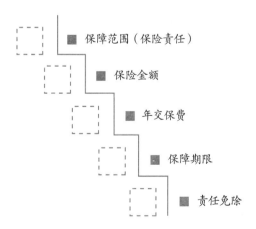

图 7-13 重点关注的保险条款内容

保险产品本身，在购买前一定要认真阅读，且重点关注以下几点（见图7-13）。

了解保全

保全是投保后，有些信息，比如投保人、受益人、地址、电话、转账的银行卡等，需要更改，如何更改，要提前了解清楚。

了解理赔流程

上面提到了互联网保险的理赔简易快捷，因此只要开通了网上理赔就行。不明白的地方可以直接拨打保险公司的客服电话报案并咨询。

核对个人信息

在网上买保险采取的自助投保形式，投保人自己填写投保资料，因此，在填写过程中要反复核对，确保无误后再提交，否则会影响后期理赔。如果发现有填错的地方，要及时变更。

及时查收电子保单

网上投保成功后，保单会发送到投保人的电子邮箱中。在投保成功后，要及时到邮箱中查看保单，并核实保单上的信息。没有邮箱的，还可以致电保险公司，发纸质保单。

随着互联网时代的到来，任何产品都能在互联网上找到，包括金融产品。和大家紧密相关的微信和支付宝，也有理财产品；给大家多提供了一条投资理财途径的P2P，属于互联网金融平台；外汇也要通过互联网来了解……在互联网时代背景下，诸多的知识、技能需要富爸爸学习掌握，本章就带你一起来学习。

PART 08

那些漏掉的
互联网金融产品

微信理财通的理财道道

随着互联网时代的到来，很多人通过手机购买理财产品，特别是如今已经与生活密切相关的微信，也能为大家提供理财服务，并且很多人都通过这一途径理财。而微信理财的入口就是理财通。只要打开微信支付界面，就能看到理财通的图标（见图8-1）。

＜ 支付		**···**
腾讯服务		
信用卡还款	微粒贷借钱	手机充值
理财通	生活缴费	Q币充值

图 8-1 微信理财通入口

通过微信理财通如何进行理财，里面又有哪些门道？今天我们就来看一看。

第一步：打开理财通，进入理财通主页面（见图8-2）。

第二步：点开上图中的理财，就进入了理财主页面（见图8-3）。

进入理财主页面后，可以看到有货币基金、安稳债基、保险产品，以及券商产品等，由此可以选择投资产品。注意这些产品不是独立的，而是相互交叉的，就是保险产品或券商产品中也含有货币基金，安稳债基也含有保险产品和券商产品等。

还有收益展示，在看收益时，还要注意是一年的收益，还是近七日年化，比如图中显

图 8-2 微信理财通主页面

图 8-3 微信理财通理财主页面

示的博时安盈债券C，近一年的收益率为5.55%，而国寿广源180展示的是近七日年化收益。一年的收益和七日年化收益，我们在前面已经说过，在此不再赘述。

在界面中还可以看到"活期理财""3个月内""3个月以上"，这是投资的时长。活期理财就是随存随取的；其他的则是有封闭时间限制的，比如国寿广源180，显示是180天，就是说，在这180天内，投入的资金是不能取出来的，180天到期后，系统会自动将本金和收益打到转入卡上。

第三步：分析产品。我们以国寿广源180为例。点开国寿广源180，进入这一产品的具体介绍界面（见图8-4）。

在这一页面中，我们能看到起购限额、近三个月

图8-4 具体产品介绍主页面

的收益情况；接着将手机下拉，还可以看到产品特点、交易规则、风险提示、产品介绍、常见问题等项，可以让投资者详细了解产品。

在这个界面中，除了要重点关注收益以外，还要看一下风险。就拿这款产品来说，属于中风险产品，如果你属于稳健型投资者，不喜欢高风险，更喜欢低风险甚至是完全保本的产品，那么就要慎重选择这款产品了；若你能承担较高风险的投资，那么这种低风险产品的收益可能远达不到你的要求，此时你就可以放弃这款产品，去选择风险更高、收益更高的产品。

第四步：购买。在对产品及个人的投资喜好进行具体分析与了解以后，接下来就是购买。我们从上图中

图 8-5　计算收益

能看到，在左下角有一个计算器图标，点此图标，并输入你要买入的金额数，比如1万元，就可以直接计算收益了（见图8-5）。

这个收益是不固定的，实际获取的收益有可能比这个数额高，也有可能比这个数额低。一切确定后，就可以点击按此金额买入了，然后就静待180天的时间到来。在这个过程中，你每天都可以通过手机查看收益。

图8-6　坚持工资理财能领红包

理财通中也有薅羊毛技巧。

理财平台为了吸引客户，会有不少福利送出，理财通也不例外（见图8-6）。

上图是工资理财的页面。我们可以看到，只要选择每月定存，就能领现金红包。不仅是工资理财，基金定投等也有现金红包可以领取，同时平时还可以领代金券、话费券、信用卡还款券、京东E卡、腾讯会员等福利。

此外，微信理财通还有等级制度，不同的理财值对应的等级分别是普通、白银、黄金、铂金。这些等级不是随便设置的，而是有奖励的，不同等级奖励不同，一般除了送各种礼物以外，不同的商家还会有优惠，比如酒店、租车等。总体算下来也是一笔不少的福利。

在应用理财通理财过程中，若遇到问题，可以直接点"我的"，将页面拉到最下面能看到"联系客服"按钮，解决问题。同时页面上还有常见的一些问题，也可以点开这些问题链接，从中直接选择解决方案。

支付宝的理财攻略

支付宝和微信一样，既可以提供生活的便利，又能帮助大家理财。那么，支付宝中有哪些理财攻略呢？今天我们就来一起看看。

如何通过支付宝理财

第一步，找入口。和上面介绍的微信一样，在用支付宝理财时，首先打开支付宝，会看到界面最下面有"财富"，点击"财富"就能进入理财界面了（见图8-7）。

第二步，选产品。点开"财富"键，进入界面，就能看到定期、基金、余额宝、黄金、股票等项目，这些就是通过支付宝可以进行的理财项目（见图8-8）。

点开其中的任何一个选项，都能看到可以投资的产品。比如点开"定期"，就会出现如下界面，结合收

图 8-7 支付宝理财入口　　　图 8-8 支付宝理财界面

图 8-9 支付宝定期理财产品介绍界面

益、时限、风险等选出自己中意的项目进行购买投资即可（见图8-9）。

基金、黄金和股票都一样，点开之后就能了解具体的相关内容。当然，到底要选择哪些，还要根据个人的承受风险的能力、资金情况等来确定。

支付宝中的薅羊毛技巧

或许你还不知道，支付宝一直都是"羊毛党"的最爱之一。就拿近几年的集五福抢红包来说，也算是"小羊毛"了。当然，重点还在下面。

各类红包

为提升市场占有率，支付宝推出了天天领红包活动，有通用红包、赏金及专享红包，支付宝中都有相应的活动规则，大家看一下就明白了。

通过红包形式薅羊毛，可以先准备两个号，因为推荐才能拿赏金，这样两个号相互推荐。每天通用红包+专享红包+赏金，就能拿到一块钱左右。

口碑中拆红包

"口碑"就像一个大集市，吃喝玩乐样样全，且新人红包、外卖红包、天天签到礼、到店自提红包等，总之，只要打开口碑界面，就会有很多红包出现。

用花呗或余额宝付款

一些商家做活动会发奖励金，在用花呗或余额宝付款，不但可以领取奖励金，还可以领双倍，同时还可以当现金一次性抵扣。

会员积分兑换

会员积分可以兑换话费、流量、红包等各种福利。

此外，在支付宝投资理财中有更多的羊毛可薅，不过这些羊毛涉及实际投资操作，因此到底要不要薅这些羊毛，到底薅哪个产品的羊毛，都要谨慎考虑。

玩转 P2P，人人都是银行家

随着如今经济的发展，带动老百姓手头的闲置资金变得越来越宽裕，为了让闲钱"躺着赚钱"，很多人将目光投向了P2P。

何为P2P

下面我们就来了解一下什么是P2P。

P2P

P2P是peer to peer lending（或peer-to-peer）的缩写，意思是个人对个人（伙伴对伙伴），又称为点对点网络借款，属于民间小额借贷，是互联网金融产品的一种。

举个例子：张三做生意，资金方面周转不开，需要1万元的周转金，此时就通过某互联网P2P平台，将自己借款的信息发布出去。当然，在发布之前，是要经过一系列审核的，要确保张三有足够的还款能力，才会将信息发布，并借贷给他。而李四手中恰好有2万元闲置资金，希望能用他来赚取一些额外的收益，刚好借助同一平台，就可以将钱借出去。同时其他的"李四们"也将手中的闲置资金通过这一平台借贷给张三。最后，不但张三有了足够的周转金，"李四们"也如愿拿到了收益。

玩转P2P

新手标不能错过

注册新平台，想要投资新产品，除了新手红包外，新手标也是平台给予的福利，之所以叫新手标，就是给平台新人的专属产品，其收益率是高于平台其他产品的。

少量资金多次尝试

投资前期可以先用几千元钱投资体验一下。体验的目的，一时看平台的产品是不是符合自己的投资规划，另一个是了解平台的投资基本流程；再有就是通过少量资金的尝试，看平台是不是合规。同时，在一个平台上少了投资，剩余的资金就可以拿来在其他平台上做体验，从中选择最佳的平台，一举多得。

多关注平台活动

一般来说，P2P平台会经常推出一些优惠活动，诸如注册送红包、推荐送红包、投资加息、送加息券等。若有需要，这些活动都能起到额外收益的目的。

资金要分散

资金的分散主要体现在两个方面：

平台分散，除了各家平台的服务、流程等，不宜过多，一般3~5个即可。

产品期限分散，短、中、长期，适量分散。短期的投资3~6个月比较合适，不要太短，不少平台都是因为做1个月的短期投资，同时承诺高息，结果资金链断裂，导致平台无法持续下去。中期的一半选择1年左右，长期的在2~3年间选择。

滚动投资

若体验之后，觉得平台发展健康良好，在一个运作期到期后，将本息自动滚入下一个投资期，这样既没有浪费时间，又实现了利滚利。

5 招帮你找到可靠的 P2P 平台

虽然P2P的兴起，给手头有闲置资金等待投资的人多出了一条投资理财的途径，但问题平台也不在少数。因此，不少的P2P平台出现了跑路情况，让投资人的资金遭受到巨大的损失。因此，在投资P2P时，不能盲目追求高收益，还要懂得识别真正可靠的平台。在此，就为大家支上几招，帮你找到最可靠的P2P平台。

是不是真的网贷平台

要想看平台是不是真实的网贷平台，首先要明确P2P平台的本质（见图8-10）。

> 信息中介平台，为投资人和借款人匹配做撮合服务

图 8-10 P2P 平台的本质

可靠的P2P网络平台一定是专注于做金融信息服务的，没有自己的基金池，不做线下的担保。如何辨别平台是不是真的？国家政策对P2P行业有一个要求，那就是个人借贷上限不能超过20万元，企业借贷上限不能超过100万元。因此，平台发放的这些小额借款标的真实性还是高的，存在自融情况的可能性极低，同时还要看平台的信息披露是不是公开透明。

借款项目是否真实

借款项目的真实性与可靠性是保障投资人资金安全的要素之一。确保借款项目真实、可靠，就要看平台有没有公布项目的基本资料、借款人的具体信息、借款的目的等，清楚资金的确切流向和用途。

看收益

很多问题平台会标榜高额收益，但真正想追求发展且健康运行的P2P平台，是会考虑资金链情况的，不会出现因为扎堆挤兑而导致平台运营不下去的问题。所以在收益方面，一般都在8%~10%，且中长期标的较多。

看存管银行

P2P联合银行，开展资金存管业务，目的就是防止网贷机构挪用客户资金。不过，在存管银行中，有些并不是互金协会测评的存管银行机构，这些平台就不排除资金流向问题存在的风险。当然，有存管银行且存管银行都是被测评过的，也并不代表平台就百分之百安全，但还是要比没有存管银行或存管银行没有被测评的平台更让人放心。

看公司实力

一般来说，上市企业及具有国资背景的P2P平台的竞争优势更为明显，他们是行业的领头羊，他们有着雄厚的实力及专业的风控体系来保障投资者的资金安全。

由于问题平台频出，国家也是不断出台政策规范P2P市场，相信P2P行业在国家政策的号召下，一定能合规合法，朝着稳健、持久经营的方向发展。

全球化资产配置从外汇开始

如今，全球化资产配置的步伐越来越快，对个人来说，首先要从投资外汇开始。今天就和大家一起说说外汇投资。

外汇投资的投资

外汇投资的优势主要体现在以下两个方面（见图8-11）。

外汇是T+0交易的，可以当天买卖，发现判断失误，可以马上止损清仓，降低风险

外汇是双向交易，可以买涨也可以买跌，行业下跌时可以卖，行情上涨时也可以买

图8-11 投资外汇的优势

投资外汇需要了解的知识

投资外汇最主要的是了解重点，一个是基础面，一个是技术面。

基础面

首先要了解并掌握外汇的基础知识，比如外汇的点差、杠杆、止损、资金管理、风险管理等系统知识，还要了解平台的资质、代理商的执行，以及价差的影响因素等。

然后关注基础面，主要关注市场参与者的情绪，因为市场参与者直接影响着数据的反应，关注他们的情绪比关注数据更有意义和价值。此外，还要关注主要商品的价格，比如石油、黄金等走势。

技术面

关注技术面首先要明确一个规则，就是关注的顺序。

了解以上的关注顺序，接下来就具体说说要关注的技术点（见图8-12）。

技术面关注应按照月、周、日、小时、分钟的次序浏览图

图 8-12 关注技术面讲究关注顺序

富爸爸很清楚投资有风险。因此，在投资过程中，不能只是单纯地投资，还要注意规避和降低投资的风险，这样才不至于让资产受到损失，才能真正收获源源不断的被动收入。那该如何降低投资中的风险，如何正确投资？本章会带给你答案。

PART 09

投资组合是每个
富爸爸的减险锦囊

为你的资产
置办"护身符"

大家肯定听说过李嘉诚为自己的子孙购买上亿元的人寿保险这件事。可能很多人不理解，李嘉诚已经很有钱了，为什么还要买保险？无论如何，他都能看得起病、负担得起医药费。其实，像李嘉诚这样的人，买保险并不是为了发挥保险杠杆作用"以小博大"，而是为了留住财富、抵御风险。也就是说，他通过保险的方式给自己的资产置办了"护身符"。那么，生活中的我们，又该如何为自己的资产置办"护身符"呢？

买保险

李嘉诚可以为自己的资产买保险来抵御风险，我们也可以。李嘉诚说："我们李家每出生一个孩子，我就会给他购买1亿元的人寿保险。这样确保我们李家世世代代，从出生开始就是亿万富翁。"他还说，"别人都说我很富有，拥有很多财富，其实真正属于我个人的财富，是给我自己和亲人买了充足的人寿保险。""人寿保险是企业发生财务危机时留给自己与家人的最后一根救命稻草。"

从李嘉诚的案例中，我们能得知，购买人寿保险相当于给资产置办了"护身符"。若没有其他投资途径，同时又偏于保守，希望在稳健的投资领域中搏击，不妨将手中的闲置资金拿来购买人寿保险。为什么呢？下面我们就来看一看保险在资产"护身符"方面的优势（见图9-1）。

图9-1 保险的资产"护身符"优势

在传承时，保险能体现出其投资的功能。举个例子：给一个刚出生的孩子买寿险，投保100万保额，若单纯选择健康险，没有其他理财附加功能，那么在1万元左右，甚至8千元左右一年的保费就可以，缴费20年，只有16万~20万的保费。然而，一旦患合同约定的大病，就能获取100万元的医疗费用。如果一生康健，终老天年的时候，依然会有100万元作为遗产传承给子孙。

将投资重心转向避险资产

给资产置办"护身符"，除了担心企业经营不善，影响资产和超高的税负以外，金融危机也会对资产造成重创。对普通投资者来说，面对金融危机，不妨将投资重心转向避险资产。那么，什么是避险资产，都有哪些属于避险资产呢？下面就来具体看看。

避险资产
不管市场怎么变化，价格波动都相对稳定的资产。持有避险资产，目的是让个人资产不受到通货膨胀的影响，而且还会让资产达到保值或增值。

目前，被公认的避险资产包括黄金、美元等，近年来，日元也成了最受青睐的避险资产。

黄金
金融危机的发生，使得货币体系受到巨大冲击，此时最稳妥的投资策略就是倾向最稳定的黄金。金币、金条等实物黄金，以及纸黄金都是首选，具备一定资金实力且能承担一定风险的人，黄金期货也是不错的选择。

美元、美债

10年期美债收益率在2.7%左右，美元指数表现良好，预计美元依然是较佳避险资产。

日元

避险货币需要具备三个最基本的特质，分别是低利率、庞大的国际收支净头寸、高度发达的金融市场，而以上这些日元都具备。

股票

很多人说，在金融危机的时候不宜投资股票，股神巴菲特却不这样看。金融危机下，正是熊市大跌的时候，恰恰在这时候，巴菲特会非常忙，因为他要忙着大量买入股票，等到牛市的时候抛售就行了。

当然，选择股票要慎重，因为要想在牛市翻身，前提是必须找到一支能绝地反击的股，找不到的话，还是不要投为好。

全球资产配置
注意事项

　　全球资产配置，让家庭和个人的预期回报得到了提高，但是在投资时，有一些事项必须要注意。具体来说，需要注意面临的风险及合理配置两方面。

全球化配置面临的三大风险

　　投资有风险，这句话不管用在哪个领域的投资都是适用的，只是风险大小的问题。全球化资产配置，有三大风险需要投资者注意（见图9-2）。

合理配置

　　面对种类繁杂的全球资产，我们在配置上就要更清晰、理性，需要注意以下事项。

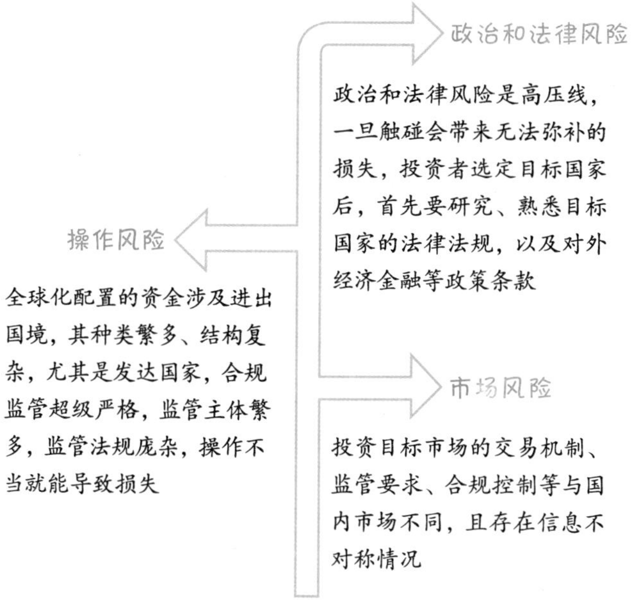

政治和法律风险

政治和法律风险是高压线，一旦触碰会带来无法弥补的损失，投资者选定目标国家后，首先要研究、熟悉目标国家的法律法规，以及对外经济金融等政策条款

操作风险

全球化配置的资金涉及进出国境，其种类繁多、结构复杂，尤其是发达国家，合规监管超级严格，监管主体繁多，监管法规庞杂，操作不当就能导致损失

市场风险

投资目标市场的交易机制、监管要求、合规控制等与国内市场不同，且存在信息不对称情况

图 9-2 全球化资产配置面临的风险

理性选择投资项目

每个国家的税收和法律都有很大的差别。投资前，一定要重点关注投资目标国家的税收及法律保障等问题，同时在难以看到市场经济发展全貌的情况下，还要多考察，尽可能选出优质的资产投资。

要重点考虑投资国家的经济情况及货币稳定程度

国家的经济发展是不是一直处于上升趋势，有没有相对较为成熟、完善的经济体系，货币升值空间大不大，这些对准备进行海外投资置业的人来说，都是要重点考虑的问题。就拿美国来说，经济体系成熟完善，美元的升值空间也较大，因此在美国投资置业还是有利的。

选择合适的资产管理人

信心不对称是个人投资者难以操作全球化资产配置的原因之一，在巨大的信息量面前，个人投资者是没有办法处理的。

因此，全球资产配置很多情况下是通过投资机构进行投资的。但是国际大型投资机构对人数与投资额度是有限制的，对个人投资者是不接受的，这就形成了财富体量不匹配的问题。

这个时候，就要选择合适的资产管理人，会集更多的投资者，然后与国际大型的投资机构合作。

相比国内，全球市场有着更成熟、更长久的投资经验积累和正面回报，投资者要做的就是多学、多考察，选择真正适合自己需求的投资机构及资产配置计划，为自己带来不错的收益。

真假风险与安全边际

　　在充满不确定性的投资市场中，投资者要时刻考虑资产是不是安全的问题。在股市投资市场被尊为神的巴菲特则有他独特的"安全"与"风险"的见解，他认为大多数投资者对"风险"与"安全"的概念理解是错误的，因为被大多数人认为的"风险最大"的股票资产才是最安全的，而现金资产则风险最大，这是因为在通货膨胀的情况下，现金缩水会非常严重。我们作为普通的投资者，该如何了解"安全"与"风险"问题呢？今天就来和大家一起来分享一下"真假风险"和"安全边际"。

真假风险

　　投资市场中充满风险，但是这些风险有些是真实存在的，有些是已经暴露的、大家能感受到的，且有具体的措施来应对的是假风险。接下来我们具体看看真假风险。

真实风险与感受到的风险

股票暴涨，真实风险上升，而我们感受到的风险下降；股票暴跌，真实风险下降，而我们感受到的风险上升。这就好像乘飞机一样，很多人认为乘坐飞机的风险性很高，这就是感受到的风险。但实际上，飞机的出事概率只有六百万分之一，而人们感觉汽车更安全，但乘坐汽车的死亡率却是乘飞机的60倍还多。

暴露的风险与隐藏的风险

风险暴露，已经反映到价格中，承担相应的回报。隐藏的风险是人们意识不到的风险，承担是没有回报的。举个例子来说，飞机失事导致很多人不敢坐飞机，改自驾，但是航空公司在飞机失事后查找原因弥补过失，让飞机更加安全，这里反映的就是暴露的风险大，但隐藏的风险小。改自驾，又频发公路车祸，这反映的就是暴露的风险小，但隐藏的风险大。

对投资来说，如果准确区分真实的风险、感受到的风险、暴露的风险和隐藏的风险，就离成功不远了。

价格波动的风险与本金永久性丧失的风险

对股市投资来说，很多人常常会判断失误，这正是股神巴菲特所说的很多人对"安全"和"危险"的概念理解错误的原因。比如股市达到5000多点时，股价还在稳步上涨，此时市场平稳，价格波动风险很小，本金永久性丧失的风险却很大。反过来，股价下跌速度迅猛，尤其是触底时，价格波动都非常剧烈，看似风险很大，却是本金永久性丧失风险很小的时候，因为每次市场触底伴随的都是VIX（恐慌指数）的高点。每到这个时候，也正是需要逆向思维的时候，越是低点越建仓，越是最痛的时候越不能放手。

说过了真假风险，我们再来看看安全边际的定义。

安全边际

做多种投资时，东方不亮西方亮，但凡有一种赚钱了，就是安全边际。在投资中，寻找有安全边际的公司是管理投资风险的一种方法。一般来说，有安全边际的公司有以下几个特点。

低估值

低估值是安全边际的重要来源，也是获得低风险、高回报的最佳途径，它是对未来的低预期，将未来可能发生的糟糕情况通过估值反映出来，低于预期的可能性就不大了。

举个例子，2元的公司，1元买入，就算后来对估值有了30%的偏差，或者公司导致价值损失30%，该公司仍值1.4元，投资者依然有回报。

有冗余设计、备用系统限制下跌空间

有冗余设计、备用系统，虽然平时看似没什么大用，但一旦股市下跌，市场动荡，这些就是股价的支撑，不至于让投资者亏损严重。

业务简单，价值易估，不具反身性

反身性，指的是股价下跌本身对公司基本面的负面作用，易导致自我强化的恶性循环。比如贝尔斯登股价暴跌，导致对手挤兑，具有了反身性，此时就不能越跌越买了。而可口可乐股价下跌，却丝毫不影响饮料的出售，不具反身性，所以，越跌越要买入。

投资产品组合中的门道

前面介绍了标准普尔家庭资产配置法，其中说到家庭资产的40%用来作为保本升值的钱，而30%用作生钱的钱。也就是说，全部资产中有70%可以用来投资，只是有低风险、高风险之分。那么这部分可用来投资的资产如何进行组合才最为合适呢？在此就以几种不同类型的组合为例，来具体分析一下。

以国债、银行理财为重心的配置

以国债、银行理财为重心的配置，特点是风险低，收益低，适合稳健型投资者进行资产配置。具体配置方案如图9-3所示。

这里的比例只提供一个参考，具体还要根据自己的情况，投资理财小白，就可以让国债和银行理财的占比更高一些，然后拿出一小部分资金尝试投资中高风险产

国债、银行理财投资占比 50%~70%，剩余 30%~50%
投资股票、P2P、基金、黄金等中高风险产品

图 9-3　以国债、银行理财为重心的配置方案

品。同时为了降低风险，可以将国债、银行理财得到的
收益拿来做中高风险的产品投资。

以P2P为重心的配置

以P2P为重心的配置，特点是中高风险，收益较高
等。具体配置方案如图9-4所示。

P2P 占比 50%，其他 50% 配置基金、股票、黄金等
中高风险产品

图 9-4　以 P2P 为重心的配置方案

这也要看个人的风险承受能力，除了配置50%的P2P
外，其他50%还可以依据个人情况搭配适量国债、银行
理财等。如此也能平衡高风险投资可能会带来的资金损
失。当然，大幅度地投资P2P，还要求投资者P2P投资经
验丰富，能鉴别真实的P2P平台，以及平台操作。

以基金或股票为重心的配置

以基金或股票为重心的配置，特点是风险高，收益也高。具体配置方案如图9-5所示。

> 基金或股票投资占比 50%~80%，其余 20%~50% 配置货基、P2P、黄金等

图 9-5　以基金或股票为重心的配置方案

这一配置因为具有高风险的特点。所以，更适合基金或股票投资多年、经验丰富的投资者，有自己独到的基金或股票投资策略，且能承受较高的风险。

以上的几种投资配置仅是一个参考，并不是一成不变的，投资者还要根据自己的投资情况不断调整投资配置。

"资产配置荒"破解术

　　闲置资金不知道往哪里投，或者知道途径却不敢投出去，基于投资者普遍存在的这些烦恼，"资产配置荒"一词也应运而生。面对这种情况，投资者又该如何应对，如何破解"资产配置荒"呢？这里就为大家支上两招。

心理及配置都要做调整

　　在中国经济转型渐入"深水区"，在资产配置荒的状态下，投资者的心态也在不断地发生变化，此时不能一味地追求高收益了，应重点做好以下心理准备及配置（见图9-6）。

　　在不同类别的资产上进行配置，比如私募、股权、类固定产品、保险及海外投资等，可以分散风险。

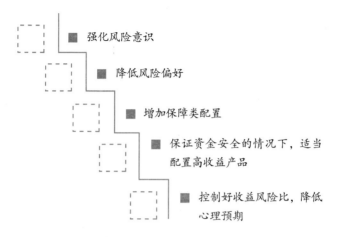

图 9-6　应对资产配置荒的心理及配置

选择专业的投资机构

有道是"背靠大树好乘凉"，股市的暴涨暴跌，让投资者应接不暇、无所适从。面对处处是陷阱的股市江湖，各财富管理及投资机构不断成熟。

个人投资者在资产配置荒面前，只有找专业性投资机构投资才是正确的选择，也是未来的发展趋势，个人投资者越来越被"挤出"投资，靠单打独斗根本无法赚取收益，专业的团队才是利益的保证。

在正确的方向上慢行

对于投资理财来说，重点不是快，而是在选定正确的方向上一直前进。很多人怀揣一夜暴富的梦想，但最终迎来的不过是越来越穷的局面。在投资的正确方向上慢行，是投资首先要注意的问题。

看重复合年化收益率

想要做投资，首先得有投资的资金，而这笔资金需要在日常的结余中积累出来，然后进行财富管理，但是纵观整个投资市场，不管是风险、收益，还是期限等方面。我们能够看出，没有一条途径可以快速致富。如果一定说有，那就只能撞大运买彩票了，中了就一夜暴富，但是中的概率又有多高呢？因此，投资理财，不能着急，还是慢一点。

以P2P举例。2018年有几百家P2P平台破产、倒闭、清算等，其中不乏跑路的，而那些跑路的，他们的目标大部分都是短期目标，同时收益很高，有些超过了20%，甚至更高。投资者看到如此高的收益，再看期限，觉得短时间内会有大笔的收益收入囊中，于是马上就拿出大笔的资金投标，结果还没等看到收益，平台负责人已经跑路了。

再用股市为例。如果有一个20%左右的长期投资收益率，且是复合年化收益，摆在眼前，可能很多人都不屑一顾，因为他们一直盯着涨停板。然而，股神巴菲特的复合年化收益率也刚20%多。

前面我们说过，投资股票其实投资的是股票背后的公司，想要从股市中捞金，就得对上市公司有深入的了解。上市公司发展向好，即便股价下跌，依然有回升的机会。

在此强调"慢"，就是要重视复合年化收益，而想要获取这一收益，一定要付出时间成本，一定不能着急。投资大师约翰·涅夫利用30年的时间，获得了13.7%的复合年化收益率，因此跻身投资大师的行列。

关注流动性

金融产品具备3个主要特征（见图9-7）。

流动性　　　　　　风险性

收益性

图 9-7　金融产品的 3 个特征

　　即便投资市场上产品无数，但没有哪一款产品是既具有高收益，又具备低风险、流动性好的特点。在这种情况下，根据相对收益性和风险性来说，首先要考虑流动性。

　　一般来说，流动性好的金融产品，收益和风险小，不确定性也不高。对于个人投资者来说，规划好现金流尤为重要。在投资之前，首先要认真审视资产负债表，搭配好合格的资产与负债的流动性。

具备风险意识

　　很多人尤其是年轻人认为自己身体健康，每天上班赚钱或靠投资，就能赚取更多的钱，而不具备风险意识，考虑不到潜在的一些突发性风险，比如疾病、车祸、火灾等。当这些事件发生时，就会导致巨大的损失。因此，为了避免或降低这些突发性事件所致的风险，在投资过程中，不仅要考虑高回报的产品，还需考虑利用意外险、疾病险等来规避风险，这些保险产品可能需要你长期付费，但未来的时间还很长，谁也不知道到底会发生什么。这部分投资虽然时间长且慢，而且看不到丝毫收益。可能有些人一辈子都用不到，但一旦用到了，就能体会到其优势。

投资需要选定正确的方向，然后不急不躁，用心且踏实地走好每一步，才能从中受益。

附录

富爸爸家庭资产配置的 6 种模式

附录部分的家庭资产配置模式仅是一个参考，因为每个家庭的资产情况不同，每个人承受风险的压力、所面临的生活状态等都不尽相同，因此不能一概而论。到底该采用哪种家庭的资产配置模式最为合适，富爸爸还要根据自己的家庭实际情况及个人的情况，比如风险承担能力、收入情况等，不断地进行归纳总结，找出最适合自己家庭资产配置的模式。

1.高净值家庭资产配置模式

高净值家庭主要指的是家庭资产在600万元以上的家庭。在配置家庭资产时，可以采用以下4-3-2-1模式（见图附-1）。

40%用来投资信投、保理等理财产品，收益在10%左右，但基本保本

30%用来投资股票、股权、私募基金、黄金等，达到钱生钱的目的

20%用来购买保险，既增加保障，也能起到避税功能

10%用来作为日常消费的流动资金

图附-1　高净值家庭资产配置模式

2.中产阶级家庭资产配置模式

对于中产家庭来说，在做家庭资产配置时，要遵循合理预期和做好配置两个原则，避免追求快钱暴富的心理。在配置家庭资产时，可以借鉴3-3-3-1的模式（见图附-2）。

3.工薪阶层家庭资产配置模式

工薪阶层在配置家庭资产时，以稳健为主，可以采用5-3-1-1模式（见图附-3）。

4.家庭形成期资产配置模式

家庭刚刚形成的阶段，家庭资产还不是特别丰实，

30%用来做高风险投资，股票、基金、黄金、期货等

30%用来做P2P、保理等

30%用来作为家庭保障及投资货币基金

10%用来作为日常消费的流动资金

图附-2　中产阶级家庭资产配置模式

50%购买固定收益类产品，比如货币基金等

30%用来购买债券、基金等

10%用来购买保险等

10%用来作为日常消费的流动资金

图附-3　工薪阶层家庭资产配置模式

此时可以采用5-3-1-1的模式配置家庭资产（见图附-4）。

5.家庭成长期资产配置模式

成长期中的家庭，不断积累资产，具备一定的抗风险能力，此时可以采用4-3-2-1的模式来配置家庭资产（见图附-5）。

50%购买国债、货币基金、银行理财等

30%购买可转债、股票型基金等

10%购买保险，子女教育险等

10%用来作为日常消费的流动资金

图附 -4　家庭形成期资产配置模式

40%用来购买固定收益类理财产品，比如保理、P2P等

30%用来投资股票、基金、黄金、期货等

20%用来购买保险，作为保障用

10%用来作为日常消费的流动资金

图附 -5　家庭成长期资产配置模式

6.家庭成熟期资产配置模式

家庭成熟期，收入趋于稳定且水平较高，此时以家庭资产与养老金的保值增值为主，可以采用3-3-3-1的模式进行配置（见图附-6）。

30%作为债券、P2P、基金等投资

30%作为保理、国债等投资

30%购买保险等保障型产品

10%用来作为日常消费的流动资金

图附 -6　家庭成熟期资产配置模式